Permanent Wave

김주섭 · 유세은

구민사

Preface

미용이 대학에 정규학과로 신설된 지 20년이 되었다. 초기 미용 관련학과에서는 교재의 미흡 등으로 가르치는 데 많은 어려움이 있었다. 그러나 대학 미용관련학과 역사가 깊어 갈수록 폭넓고 깊이가 있는 미용관련 우수 서적이 출판되고 있다.

본 교재 역시 미용의 한 분야인 퍼머넌트 웨이브에 관한 서적으로서 미용 관련학과에서 유용하게 교재나 실습서로 사용할 수 있도록 내용을 구성하였다.

저자일동은 현장과 학교에서 다년간의 교육과 현장 경험을 바탕으로 꼭 필요한 퍼머넌트 이론에서부터 미용사(일반) 자격검정에 의한 와인딩기법, 그 외에 다양한 와인딩기법, 열처리에 의한 와인딩기법 등을 수록하였다.

지금까지 사진, 그림으로만 책을 보고 실습하였는데, 스마트 시대에 걸맞게 동영상을 책 내용에 포함하여 퍼머넌트 와인딩 실습을 하는 데 이해를 더 돕고자 하였다.

책 출간을 위해 많은 노력을 기울였으나, 미흡한 점이 있을 것으로 사료 된다. 미용인들에게 본 저서가 조금이나마 도움이 되었으면 하는 바람이다.

본 도서를 출판하는 데 공동저자로 참여 해주신 교수님들께 감사드리며 실습 작품에 있어 도움을 준 진민, 윤설에게 감사를 표하며 이 책이 나올 때까지 수고해 주신 구민사 조규백 사장님께 깊은 감사를 드린다.

저자 일동

Contents

CHAPTER 1

퍼머넌트 웨이브란

CHAPTER 2

퍼머넌트 웨이브 역사

CHAPTER 3

퍼머넌트 웨이브에 사용되는 기구, 도구

CHAPTER 4

퍼머의 원리

CHAPTER 5

퍼머넌트 웨이브제

Contents

CHAPTER 6

퍼머넌트 웨이브의 종류

CHAPTER 7

퍼머의 웨이브 효율

CHAPTER 8

퍼머시술과정

CHAPTER 9

기본 와인딩 퍼머넌트 웨이브

9-1 9파팅 와인딩

Contents

CHAPTER **10**

응용 퍼머넌트 웨이브

10-1 기본와인딩 굵은 웨이브 Basic winding

10-2 사선와인딩 Diagonal winding

10-3 벽돌쌓기 와인딩 Bricklay pattern winding

벽돌쌓기 퍼머넌트 웨이브

Contents

Contents

10-15 포일 퍼머넌트 와인딩 Foil permanent winding

10-16 특수로드를 이용한 퍼머넌트 와인딩

10-17 위빙 퍼머넌트 웨이브 Weaving permanent wave

Contents

CHAPTER 11

열 퍼머넌트 웨이브

11-4 아이론 퍼머넌트 Iron permanent wave

1 CHAPTER
퍼머넌트 웨이브란

Permanent Wave

1 퍼머넌트 웨이브 permanent wave

1) 정의

퍼머넌트(permanent)란 '영속하는, (반)영구적인'을 의미한다.

퍼머넌트 웨이브(permanent wave)는 모발에 있어 웨이브를 만들기 위해 로드라는 도구와 웨이브가 잘 형성되기 위한 가온(열), 모발의 화학적 결합을 절단, 결합하는 퍼머제의 작용으로 모발의 화학구조를 변화시켜 모발의 웨이브가 오래 유지될 수 있도록 하는 것이다.

정확한 풀 네임은 '퍼머넌트 웨이브'인데, 미용실에서는 간단히 퍼머넌트 또는 파마, 퍼머라 하기도 한다.

퍼머넌트 웨이브는 헤어커트 후에 커트 디자인의 완성도를 높여주고, 두상의 모양을 보완하며, 모발에 웨이브를 형성함으로써 새로운 헤어스타일을 만들어 헤어스타일의 변화를 주어 고객의 만족도를 높인다.

또한 본인의 헤어스타일 연출을 잘하지 못하는 고객에게는 웨이브를 함으로써 헤어디자인을 쉽게 연출하며 본인만의 개성을 살릴 수 있는 장점이 있어 남·녀·노·소 누구라도 헤어스타일을 적용할 수 있으며, 로드를 이용한 다양한 크기와 모양의 웨이브 또는 직모를 만들어 모발의 질감을 변화시킬 수 있다.

2) 퍼머넌트 웨이브의 목적

① 기존 헤어스타일에서 웨이브로 인해 다른 스타일을 연출, 디자인하기 쉽게 해준다.

[예] 업 스타일 시 웨이브를 먼저 만들고 시술한다.

② 원하는 스타일의 웨이브 지속성을 갖게 한다.

③ 화학적 제품 사용으로 인한 모질을 바꾸어 준다.

[예] 경모를 연모로 바꾸어 준다.

④ 모류의 방향성, 움직임을 컨트롤 한다.

웨이브로 인한 모류의 방향을 쉽게 조절할 수 있다.

⑤ 웨이브로 인한 무게감, 질감, 볼륨감을 표현할 수 있다.

⑥ 퍼머넌트 웨이브 테크닉으로 손질이 편한 스타일을 연출할 수 있다.

⑦ 고객이 원하는 모발 상태를 만들 수 있다.

[예] 직모를 축모(곱슬모)로 만들어 인상을 부드러워 보이게 할 수 있다.

선천적으로 축모가 싫은 사람은 직모로 변화를 줄 수 있다.

⑧ 웨이브의 볼륨감으로 인해 얼굴형, 두상형의 단점을 보완할 수 있다.

3) 고객이 요구하는 퍼머넌트 웨이브

① 헤어스타일 연출 시 집에서도 손질이 편한 퍼머스타일

② 모발의 손상이 덜한 퍼머넌트 웨이브

③ 고객에게 잘 어울리는 퍼머넌트 웨이브

2 CHAPTER
퍼머넌트 웨이브 역사

Permanent Wave

1 퍼머넌트 웨이브의 역사

퍼머넌트 웨이브는 고대 이집트인들이 B.C 3000년경부터 나일강 유역의 진흙(점토)의 알칼리 성분을 가는 막대를 이용하여 모발에 감고 그 위에 발라 태양열을 쬐어 모발의 화학적 변화를 달리하여 웨이브를 만드는 것에서 시작하였다.

그리스 · 로마시대는 불로 가열한 철 막대기를 이용하여 웨이브를 만들었다.

19C에는 석유램프의 열로 가온하여 웨이브를 만들었다.

1875년에는 프랑스 파리에서 모발을 만지는 사람, 마샬그라또(Marcel Grateau)가 고안한 헤어 아이론(Iron)을 이용하여 웨이브를 만들었다.

1905년 영국 런던의 이발사인 찰스 네슬러(Charles Nessler)라는 독일인이 알칼리제로 붕사와 열을 이용하여 열펌(Heat wave)시술을 개발하였다.

1908년 특허를 취득했다(네슬러 웨이브). 이 방법은 모발에 클립을 대고 와인딩 한 후 붕사와 물을 페이스트(paste)상으로 혼합하여 모발에 바른 다음 은박지 등으로 감싼 후에 열을 가하여 웨이브를 만든다.

1926년에 아스트버리, 스피크맨이 케라틴의 분자 구조를 해명했다.

1927년 웰라사에서 105~110℃로 가온하여 웨이브를 만드는 핫 웨이빙 기구를 개발하였다.

1930년대 아스트버리(Astbury)나 스피크만(J.B Speakman) 등의 학자에 의해 전기를 이용하지 않는 방법으로 약품인 아유산 수소나트륨의 화학반응에서 얻어지는 40℃의 반응열을 이용한 콜드 퍼머넌트 웨이브(Cold Permanent Wave)가 고안되었고 이것은 기존의 높은 열을 사용하지 않고 실온보다 조금 높은 온도에서 퍼머넌트 웨이브가 가능하다는 것을 입증하였다.

1930년대 이후 모발과 웨이브에 대한 많은 연구를 하여 모발의 화학적 구조를 알면서 모발의 결합을 절단·결합하는 연구가 지속되었다. 모발의 결합을 절단·결합하는 약품으로 석유화학물이나 강한 알칼리제, 시안화물, 하이드로 설파 등을 모발에 사용하였으나 인체에 해가 나타나 안정성 문제로 1941년 미국의 뉴 조지아주에서 사용이 금지되었다.

1941년 시스틴을 절단하는 연구 결과 미국인 맥도노프(Mcdonough) 등이 치오글리콜산을 환원제로 하는 웨이브제를 최초로 제조하였다.

1950년대에 와서는 완전히 콜드 퍼머넌트 웨이브(Cold Permanent Wave)로 자리를 잡았다. 현재 사용되는 퍼머넌트 웨이브란 이 콜드 퍼머넌트 웨이브를 말한다. 또한 염색, 탈색 등의 시술에 의해 모발의 손상이 심해 모발의 손상을 덜 주면서 웨이브를 얻을 수 있는 pH가 산성인 산성 퍼머넌트 웨이브제도 시판되고 있다.
그러나 이 산성 퍼머넌트 웨이브제는 컬 형성력이 알칼리 제품보다 잘 형성되지 않는 단점이 있다.

1960년대는 볼륨 스타일로 단순한 스타일에 식상한 대중은 가발 붐이 일어나 탑부분에 포인트 주는 스타일이 유행했다. 또한 듀오라인의 이사도라덩컨에서 유래한 이사도라 스타일이 유행했으며, 타이고르 테일이라 하여 사자의 꼬리처럼 만든 스타일이 유행했다.

1970년대는 섀기커트, 매스커트, 숏트 플라잉커트가 유행하며 강렬한 질감의 특성을 살려 좀더 대칭적으로 균형을 이루었다. 전체적으로 약간의 컬, 후두부에서 프론트 내추럴하게 하였다.

1980년대 초에는 여대생이나 직장여성들을 중심으로 펑크헤어 또는 디스코 머리 같은 중성적인 헤어스타일이 유행하였으나 80년대 중반에는 퍼머의 전성시대였다. 중반 이전에는 자연스럽게 풀어헤친 웨이브 스타일이, 중반 이후에는 상고스타일의 단발에 웨이브를 넣어 앞머리를 세우거나 롱 레이어 스타일에 웨이브를 넣고 가르마를 중심으로 양 옆머리를 세우는 스타일이 크게 유행하였다. 80년대 중반 이후에는 영국의 황태자비인 다이애나비의 상고형 커트머리에 앞이마를 약간 가린 듯한 바람머리가 선풍적인 인기를 모았다. 이 스타일은 여학생들에서부터 젊은 여성들 사이에서도 크게 유행하였다. 앞머리의 효과를 극대화하기 위해 핀컬 퍼머를 하기도 했는데 이 퍼머넌트는 젖은 상태에서는 약간의 웨이브가 있으나 모발을 건조시킬 경우 자연스럽게 층을 이루면서 뒤로 넘어가는 효과가 있었다. 핀컬 퍼머는 80년대 후반까지도 여학생, 젊은 여성들과 남성들 사이에서 인기를 모았다.

1990년대 초반까지 웨이브 스타일의 강세가 이어졌으나 80년대의 일반 로드에 의한 기본 웨이브 스타일이었던 것에 비해 90년대 초반 이후에는 다양한 형태의 특수 로드가 개발되면서 다양한 변형 형태의 웨이브 스타일이 유행하게 되었다. 로드의 종류와 컬의 형태에 따라 그 종류도 다양했는데 레게 퍼머, 다이어트 퍼머, 뿌리 퍼머, 부메랑 퍼머, 나이아가라 퍼머, 폭탄 퍼머 등 다양한 웨이브 스타일이 공존했다. 다양한 종류의 로드가 개발되면서 나타난 것이 스트레이트 퍼머이다. 그것은 젊은 여성들을 중심으로 급속히 퍼져나가 90년대 중반 이후 웨이브보다 자연스러운 스트레이트 머리가 유행하면서 여성들에게 선풍적인 인기를 모았다. 90년대 후반 이후 스트레이트 퍼머는 다양한 형태로 변모를 거듭하여 일자형으로 반듯하게 펴기도 하고 롤스트레이트 퍼머라 하여 끝부분만 자연스럽게 안쪽으로 향하게 하는 스타일이 나타났다. 90년대 말에 나타난 매직 아이론은 스트레이트 퍼머가 유행이였다. 60년대 아이론(고데기)이 넓고 크게 변형된 형태로 만들어진 매직스트레이트 기구는 마치 '다리미'처럼 곱슬거리는 웨이브 모발을 찰랑거리는 스트레이트 모발로 바꾸어 놓았으며, 드라이어 대용품으로 발전해갔다.
또한 1990년대는 아이론이 다시 등장하였고, 후반부터는 아이론을 비롯한 열 퍼머가 시작되었다.

2000년대 퍼머넌트 스타일은 열 퍼머, 디지털 퍼머 활성화 시대이다. 디지털 시대에 맞게 헤어 분야에서의 퍼머 기기가 다양화되고 활성화되었다. 열 퍼머기기, 디지털 퍼머기기가 다양하게 출시되고 있다. 이러한 기기의 다양화와 성능에 힘입어 굵은 웨이브의 형성을 보다 쉽게 시술할 수 있게 되었다.
또한 형태나, 질감, 디자인과 관련된 퍼머넌트 스타일이 계속 유행하고 있다. 점보 롤 퍼머, 쭉쭉 뻗는 스트레이트도, 뽀글거리는 아줌마 퍼머도 아닌 굵직하게 말려 떨어지는 내추럴한 웨이브로 부드러우면서 세련된 스타일이고, 프린지 웨이브 앞머리는 그대로 남겨두고 뒷머리와 옆머리를 심하게 레이어드 커팅해 웨이브를 넣은 것이다. 머리 뿌리 부분은 남겨두고 머리 중간 부분부터 웨이브가 들어가는 것이 특징이다. 텍스처 퍼머는 굵게 꼬이면서 말리는 내추럴 웨이브이다. 여성스러움을 강조한 베이비 펌은 여성스러움을 최대한 살려주며 무겁지 않은 느낌을 주는 웨이브이다.

3 CHAPTER

퍼머넌트 웨이브에 사용되는 기구, 도구

Permanent Wave

1 로드 Rod

로드는 퍼머넌트 웨이브 시술 시 모발을 로드에 와인딩 한 후, 로드아웃을 하면 웨이브가 만들어지는 도구이다.

1) 기본 로드 종류와 특징

미용실에서 가장 많이 사용하는 로드로서 로드의 굵기에 따라 '호'로 나뉘어져 있다. 로드 굵기에 따라 웨이브의 크기를 다르게 할 수 있다.

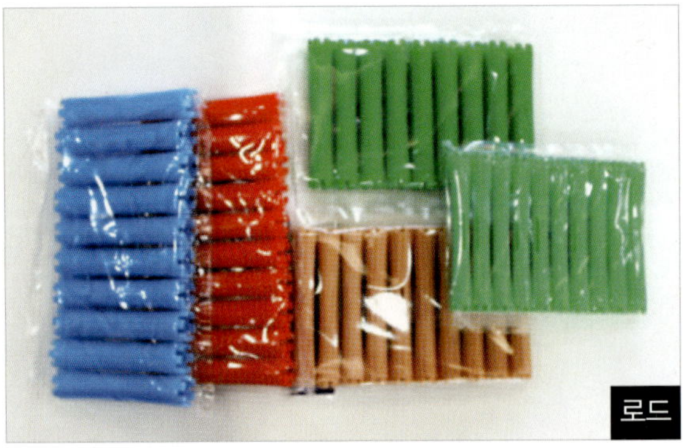
로드

2) 특수 로드 종류와 특징

모아서 와인딩

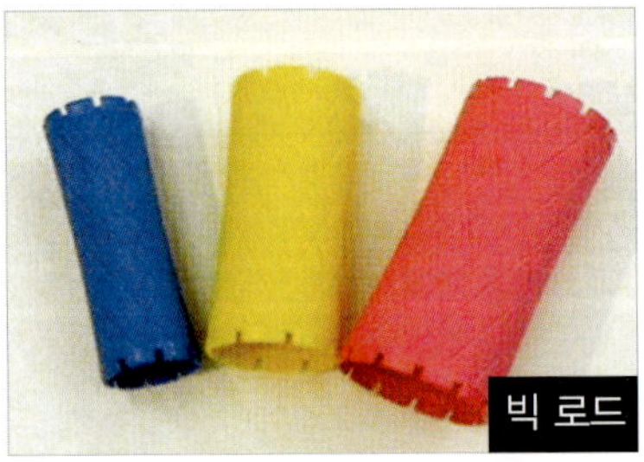
빅 로드

전체적으로 큰 웨이브를 원하는 경우 뿌리 부분의 방향성을 원하는 등 기본으로 많이 이용된다.

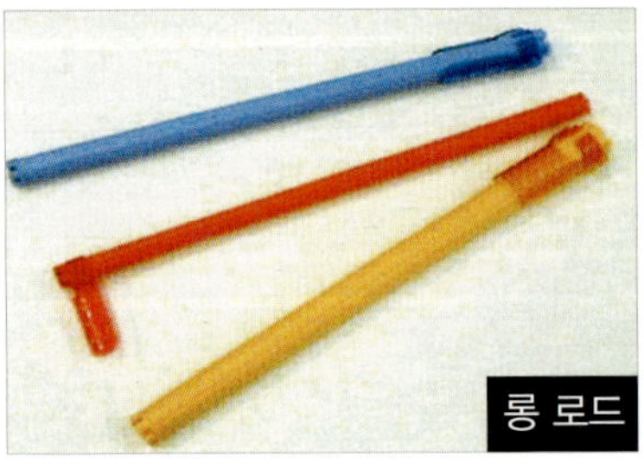
롱 로드

긴 모발에 균일한 웨이브를 형성하는 등 스파이럴로 마는 경우에 많이 이용된다.

원추로드

모선·뿌리 부분의 웨이브 컬 크기에 변화를 주고 싶거나, 모선을 강하게 또는 뿌리 부분을 강하게 하는 등 디자인성이 강한 스타일 등에 많이 이용된다.

U자 로드

U자에 모속을 8자를 그리듯 마는 것이 기본적인 마는 방법. S상의 컬보다도 예각으로 말아 Z상에 가까운 리지가 형성된다.

아이론 로드

쉐기 매직 퍼머로드

일반적으로 굵은 웨이브를 원할 때 직경이 굵은 특수 로드를 사용한다.

3) 롤

롤 스트레이트를 할 때 사용하는 도구이다. 대·중·소로 나누어진다.

핀을 사용하여 고정하는 것과, 고무줄로 고정하는 것이 있다.

롤은 굵은 웨이브 흐름을 원할 때, 모선부분의 방향성을 원할 때 사용한다.

롤

4) 스트레이트 판

판 스트레이트 시술 시 사용하는 도구이다. 이는 곱슬모, 파상모를 직모로 변형할 시 사용한다. 모발을 팩을 이용하여 곱게 빗질하여 스트레이트 판에 붙여 고정시킨다.

스트레이트 판

2 파지 페이퍼/Paper

파지 또는 페이퍼라고도 한다. 이는 퍼머넌트 웨이브 시술 시 머리카락을 로드에 와인딩 할 때 모발의 끝을 정리해주고, 와인딩을 쉽게 할 수 있도록 도와준다.

페이퍼(파지)

1) 사용방법에 따른 분류

(1) 단면사용법

와인딩 할 모발의 판넬 윗면에만 페이퍼를 올려 놓고 검지와 중지 손가락으로 모발과 페이퍼를 밀착시킨 후 로드를 판넬 밑에 대고 와인딩한다.

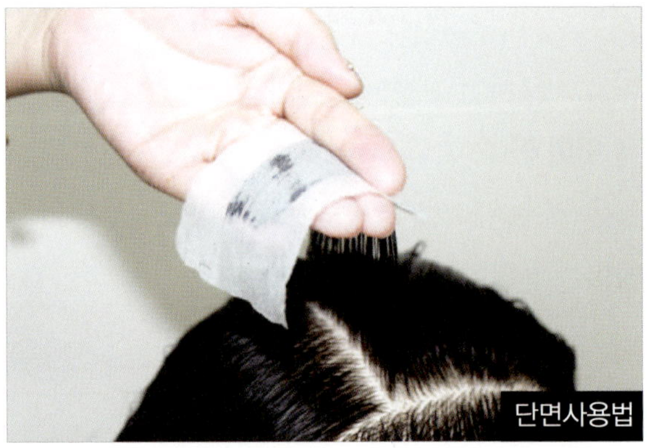

단면사용법

QR 페이퍼 단면사용

(2) 양면사용법

페이퍼를 모발 판넬 위·아래 면에 겹치도록 대고 모발 끝을 감싸고 와인딩한다.
이 방법은 모발 끝의 길이가 단차가 심할 때 이 방법을 이용한다.

양면사용법

QR 페이퍼 양면사용

(3) 책갈피 사용법

페이퍼를 반으로 접어서 와인딩 할 모발 판넬을 옆으로 감싸서 와인딩하는 방법으로 모발의 단차가 심하면 사용하기가 어렵고, 스파이럴 와인딩 시 주로 이용한다.

책갈피기법

QR 책갈피기법

(4) 쿠션 사용법

페이퍼를 판넬 위에 올려 놓고 와인딩 하는 기법으로 짧은 머리가 와인딩 시 빠지지 않게 하여 약한 머리에 지지력을 주고 전체적으로 모든 모발을 와인딩할 수 있게 한다.

페이퍼 쿠션기법

QR 페이퍼 쿠션기법

3 고무줄, 스틱

와인딩이 끝난 모발을 두피에 고정시키기 위해 고무줄을 사용한다.
고무줄로 밴딩하는 방법은 크게 두 가지로 나눈다. 퍼머넌트가 끝난 후 고무줄은 반드시 깨끗한 물로 잘 세척 후 보관해야 잘 끊어지지 않는다.

고무줄

1) 밴딩 기법

(1) 11자 기법

일반적으로 미용사(일반) 국가자격 검증 때 11자 기법으로 밴딩을 한다. 전체적으로 로드의 위·아래에서 모발과 로드를 밀착시켜 주는 방법이다.
주의사항은 모발과 고무줄이 닿는 부분에 있어 모발이 너무 꺾이게 되면 나중에 이 부분이 쉽게 끊어질 염려가 있으니 일명 '꼬지'라고 하는 스틱으로 고무줄을 들어 주어야 한다.

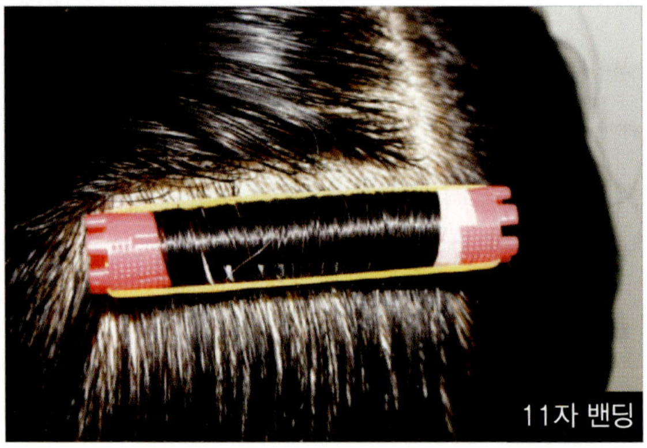
11자 밴딩

QR 고무줄 밴딩 11자

(2) X자 기법

미용실에서 많이 사용하는 방법으로 11자로 밴딩하는 동시에 로드를 감싸면서 X자로 다시 한 번 와인딩한 부분을 고정시켜 준다.

X자 밴딩

QR 고무줄 밴딩 X

(3) 트위스트 X자 밴딩

밴딩 시 거의 두 겹이 X자 형으로 밴딩하는 것이다.

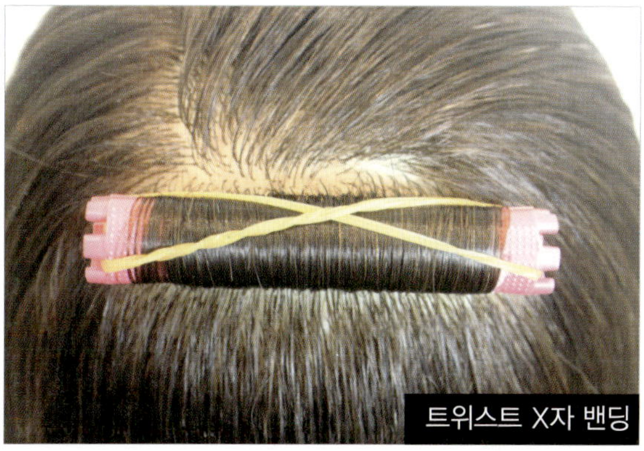

트위스트 X자 밴딩

QR 고무줄 트위스트 X

2) 스틱

스틱은 와인딩 후 고무줄이 판넬에 너무 밀착될 시 끊어질 염려가 있으므로 고무줄과 판넬을 띄어 놓는 역할을 한다.

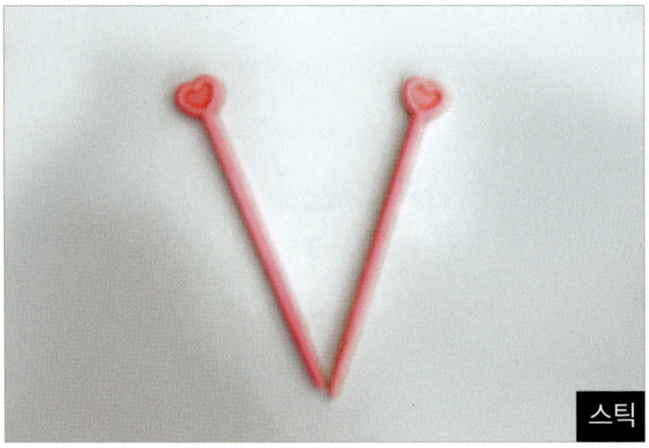
스틱

4 꼬리빗

꼬리빗은 한쪽 끝은 빗 부분이고 반대편은 모발을 쉽게 파팅, 섹션, 판넬을 나눌 수 있게 길게 막대기 모양으로 된 빗이다.

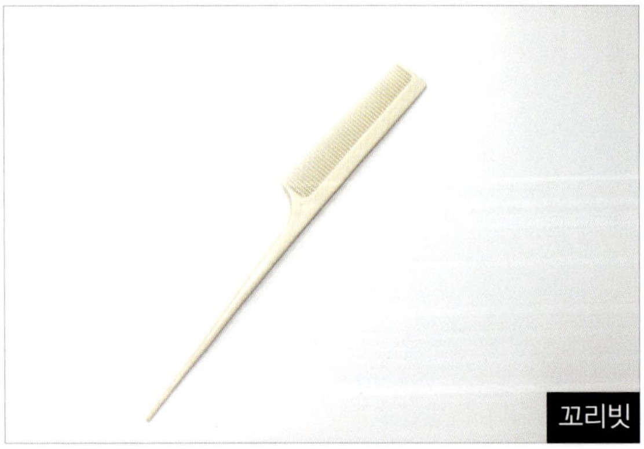
꼬리빗

5 민두, 홀더, 가발

민두, 홀더, 가발은 퍼머넌트 웨이브 연습 시 필요한 도구이다. 이는 커트를 할 시에도 필요한 도구로써 같이 사용하면 된다.

6 히팅캡, 비닐캡

히팅캡은 와인딩이 끝난 후 두상에 씌어 가온을 하는 기구이다. 가온을 함으로써 웨이브 형성력을 높이고, 시술 시간을 단축할 수 있다.
비닐캡은 히팅캡을 씌우기 전에 먼저 와인딩 된 두상에 씌우는 것이다. 모발에 도포한 퍼머제가 흘러 내리는 것을 방지하기도 하고, 히팅캡에 묻지 않도록 한다.

히팅캡

비닐캡

7 헤어밴드

와인딩이 끝난 후 햄 인 주위를 기준으로 헤어밴드로 감싼다. 비닐캡이 잘 자리 잡도록 하고, 퍼머제가 얼굴 등에 흘러내리는 것을 방지한다.

헤어밴드

8 가온기 열기구

와인딩이 끝난 후에 두상을 전체적으로 가온시킬 때 사용한다. 히팅캡을 사용할 수 없는 매직스트레이트, 판 스트레이트, 롤 스트레이트 등에 사용하는 기구이다.

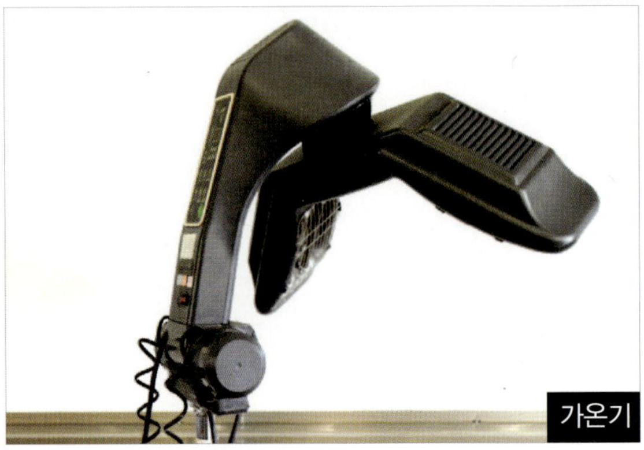
가온기

9 퍼머보, 고무장갑

퍼머 시술을 하기 전에 퍼머제 등으로부터 고객의 옷을 보호하기 위해 목을 중심으로 어깨를 덮는 것을 말한다.
시술자의 손을 퍼머제로부터 보호하기 위해 고무장갑을 끼고 시술한다.

퍼머보

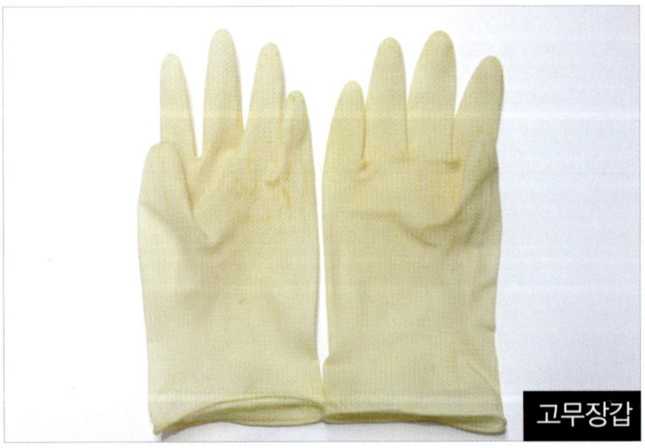
고무장갑

10 중화 받이

퍼머 시술 중에 퍼머제 1제나 2제를 도포할 시 가운이나 옷에 퍼머제가 흘러내리는 것을 방지하기 위함이다.

중화받이

11 세팅 열 펌 기기

일명 '세팅 열 펌'을 할 때 사용하는 기구로서, 열 펌 기기에 사용하는 로드로 와인딩한 후 열 펌 기기로 연결하여 와인딩한 로드의 온도를 높이는 기구이다.
열 펌 기기를 사용하면 큰 웨이브도 탄력 있는 웨이브를 형성할 수 있다.

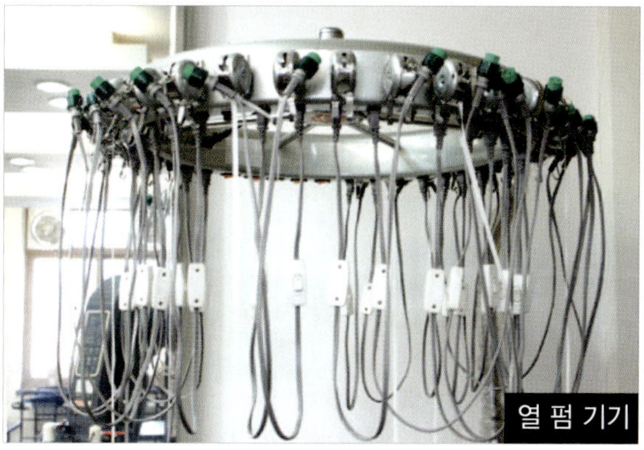
열 펌 기기

12 디지털 펌 기기

디지털 펌 기기는 열 펌 기기와 비슷한 원리로 디지털 퍼머기에 맞는 로드와 퍼머제를 사용하여 와인딩 후 로드와 디지털 펌 기기를 연결하여 로드에 가온을 하는 기기이다. 큰 웨이브도 늘어나지 않고 탄력있는 웨이브를 형성할 수 있다.

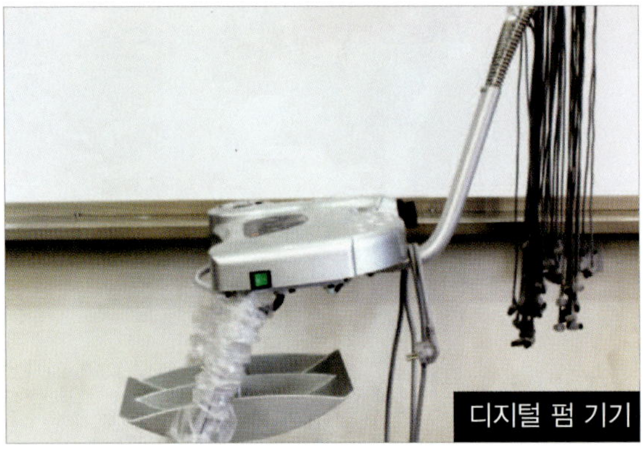
디지털 펌 기기

13 아이론 Iron

아이론 퍼머를 할 때 로드 대신 모발을 와인딩하여 웨이브를 형성할 때 사용한다.

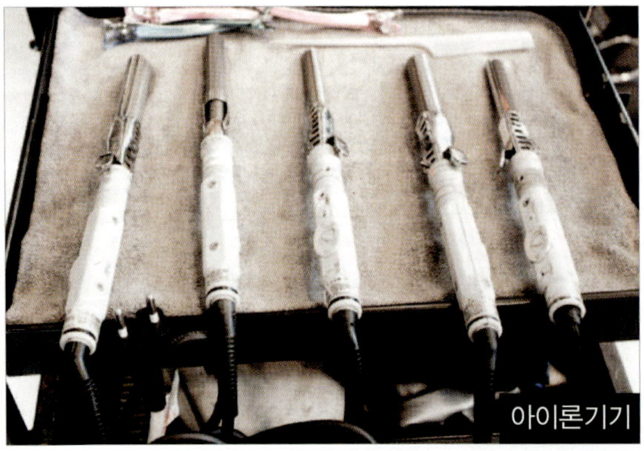
아이론기기

Permanent Wave

4 CHAPTER
퍼머의 원리

Permanent Wave

1 모발과 pH

pH란 Potential of Hydrogen의 약자로 수소 이온 농도를 나타내는 지수이다. 1909년 덴마크의 쇠렌센(P. L. Sorensen)은 수소 이온 농도를 더욱 다루기 쉬운 숫자의 범위로 표시하기 위해 pH를 제안하였다. 순수한 물에서의 pH는 7이며 이때를 중성이라고 하고, pH가 7보다 작으면 산성, 7보다 크면 알칼리성이 된다. pH의 범위는 보통 0~14까지로 나타낸다.

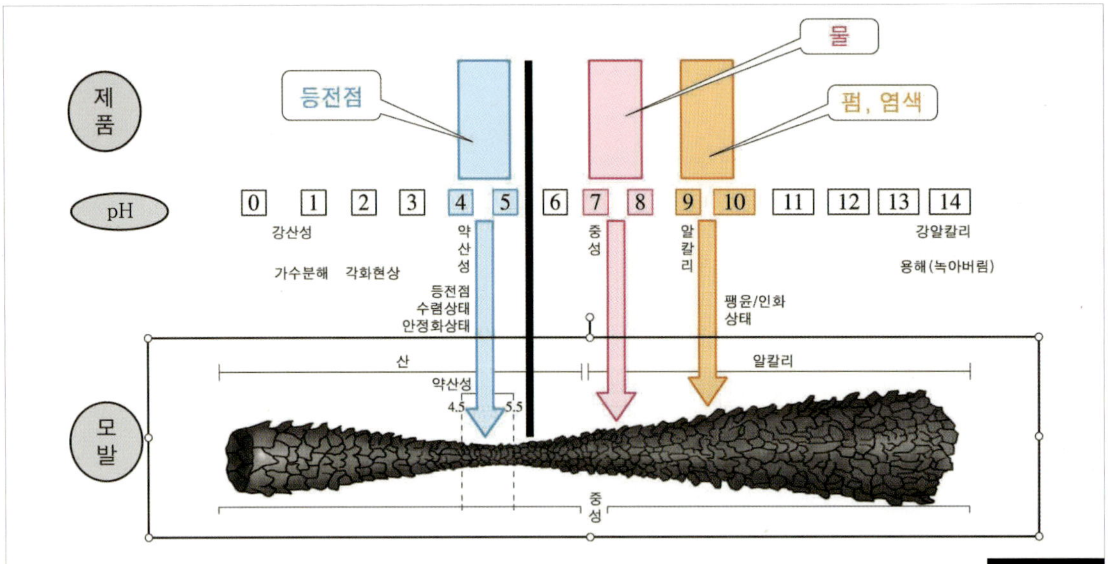

모발과 pH

모발은 pH가 알칼리성으로 갈수록 모표피(큐티클, cuticle)가 모발의 팽창에 의해 겹겹이 쌓여 있던 것이 열리기 시작하여 틈새가 생긴다. 그러나 반대로 산성으로 갈수록 모표피는 수렴에 의해 조여 주는 현상으로 모표피가 닫히는 현상이 나타난다. 알칼리성 퍼머제의 pH는 보통 9~10 사이이고, 퍼머제의 종류와 제조회사에 따라 조금씩 다를 수 있다.

1) 모발의 팽창과 수렴 Swelling & astringency

모발은 퍼머제와 물 등의 영향으로 부풀어 오르거나(팽윤) 수축되기도(수렴) 한다.

(1) 모발의 팽창

큐티클이 열린다. 부드러운 탄력이 없어진다.

- 수분(water)
- 비누(알칼리)
- 퍼머제(알칼리)
- 칼라제(알칼리)

(2) 모발의 수렴

큐티클이 닫힌다. 조여주는 탄력이 생긴다.

- 드라이(건조)
- 컨디셔너(산)
- 산성 린스(산)
- 산성 칼라(산)

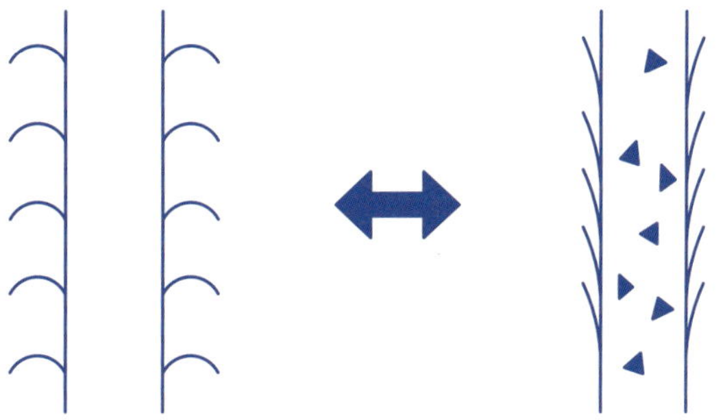

모발의 수렴

2 모발과 산화, 환원

퍼머넌트 웨이브 시술에 있어 퍼머제에 의해 모발의 구조가 변형되어 영구적인 웨이브가 형성된다. 이때 화학적인 반응이 작용하는데 바로 산화, 환원과정이다.

1) 환원

① 물질이 산소를 잃는다.
② 물질이 수소와 결합한다.
③ 원자와 이온이 전자(電子)를 얻는다.

〈환원작용〉

$-S-S+HS \cdot CH_2COOH-SH$

모발의 화학적인 결합 중 측쇄 결합인 시스테인 결합이 퍼머제의 1제(환원제) 성분인 치오글리콜산 또는 시스테인에 의해 모발 속의 시스틴이 치오글리콜산의 수소와 결합하여 시스테인이 되며 이로 인해 모발의 시스틴 결합이 절단되는 것이다. 이 절단으로 인해 모발이 잘 늘어나고 화학적인 변형을 할 수 있는 것이다.

2) 산화

① 물질이 수소를 잃는다.

② 물질이 산소와 결합한다.

③ 원자와 이온으로부터 전자를 잃어버린다.

〈산화작용〉

$-SH+NaBrO_3(H_2O_2)$ $-S-S-$

퍼머제 1제의 치오글리콜산에 의해 환원된 시스테인이 퍼머제 2제(산화제) 중의 브롬산나트륨, 브롬산칼륨과 과산화수소 성분의 산소와 시스테인이 결합하여 시스틴이 된다. 이로 인해 새로운 위치에서 결합된 시스틴 결합에 의해 영구적인 웨이브가 형성된다.

3 모발과 열

열이 모발에 미치는 영향은 건열이나 습열에 따라 차이가 있다. 건열에서는 외관적으로 120℃ 전후에서 팽화되고 130~150℃에서 변색이 시작되어 270~300℃가 되면 타서 분해하기 시작한다. 그러나 기계적인 강도는 80~100℃에서 약화되기 시작한다. 화학적으로는 150℃ 전후에서 시스틴(cystine)의 감소를 볼 수 있고, 130℃에서 10분간 케라틴(keratin)의 α형은 β형으로 변화한다. 케라틴(keratin)의 변성은 습도 70%에서 70℃부터 시작되지만 습도 97%에서는 60℃에서 시작된다. 또한 모발의 팽윤작용과 화학적으로 모발의 구조를 절단·결합하는 데 작용한다. 전열기기의 처리 온도는 60℃ 이하로 하는 것이 모발의 손상을 방지하는 데 필요하다. 약제에 젖은 모발에 대한 씻어냄의 과정을 충분히 하지 않은 모발은 열변성을 한층 강하게 받게 된다. 아이론(iron)의 온도는 200℃ 전후, 핸드 드라이어의 온도는 송풍구의 거리에 따라 달라지지만 90℃ 전후로서 부분적으로는 고온이 되기 때문에 주의하지 않으면 안 된다.

4 퍼머제와 모발의 화학적 결합 관계

1) 펩타이드 결합

모발의 결합 중 가장 강한 결합으로 아미노산과 아미노산의 결합으로 이루어진다. 주로 모발에서 세로로 결합되어 있어 세로 결합이라고도 하며, 가장 강한 결합이라 주쇄 결합이라고도 한다.
퍼머제 1제에 의해 쉽게 절단되지는 않으나, 퍼머제 도포 후 고온으로 오래도록 가열하면 절단되기도 한다.

2) 시스틴 결합

시스틴 결합은 이황화 결합이라고도 하는데 이는 황과 황(S)의 결합이기 때문이다.
황은 모발의 구성 성분 중 시스틴이라는 아미노산 속에 존재한다.
퍼머제 1제를 도포하면 환원제에 의해 모발의 시스틴 결합(S–S)이 환원에 의해 수소(H)와 결합하여 시스테인(SH–SH)이 된다. 시스틴 결합이 절단되어 모발이 잘 늘어나고, 형태 변형이 쉬워 로드 등으로 모발의 형을 변화시킬 수 있다.

3) 염 결합

염 결합은 이온 결합이라고도 한다. 즉, 전기적인 (+)와 (–)의 결합이다. 모발이 가상 안정적인 싱태는 등전점 상태인 pH 4.5~5.5 범위이다. 이 범위를 벗어나면 염 결합이 절단되고, 이 범위에 들어오면 재결합이 이루어져 모발이 안정된 상태가 된다. 퍼머제의 1제 성분 중 모표피를 열기 위한 알칼리성 성분(암모니아, 모노에탄올아민)에 의해 모발의 pH가 알칼리성 범위로 넘어가 염(鹽) 결합이 절단된다.

4) 수소 결합

수소 결합은 수소(H)와 산소(O)의 결합이다. 이는 퍼머제의 성분 중 정제수(물)에 의해 절단이 되고, 수소 결합의 원리에 의해 모발이 마르면(건조) 다시 수소 결합이 이루어진다.

5 일반적인 퍼머넌트 웨이브 원리

모발의 주성분인 케라틴을 구성하고 있는 폴리 펩타이드는 주로 모발의 세로 방향으로 연결되어 있고 이 펩타이드 결합은 수소 결합, 염(鹽) 결합, 시스틴 결합(이황화 결합, S–S) 등의 측쇄 결합으로 연결되어 있다. 이러한 결합 중 퍼머넌트 웨이브와 관계가 많은 시스틴 결합의 위치를 변경하여 재결합 함으로써 영구적인 웨이브가 형성된다. 일반적인 콜드웨이브에서 이용되고 있는 원리이다.

1) 열 방식과 화학 방식의 차이점

(1) 전기퍼머(기계퍼머)

모발은 아황산염의 알칼리성 용액을 고온에서 사용하는 것으로 시스테인기(–SH)와 아미노기(NH_2), –SOH, SO_3H 등 복잡한 반응을 하고 새로운 타입의 결합이 형성된다.
따라서 케라틴 본래의 결합은 적어지고 새로운 타입의 결합이 증가한다. 그 결과 모발은 화학 변성과 열 변성이 일어난다.

(2) 일반적인 콜드 웨이브 원리

콜드 웨이브의 원리는 퍼머제 1제의 주성분(환원제 : 치오글리콜산, 시스테인)과 퍼머제 2제 주성분(산화제 : 브롬산염, 과산화수소)에 의해 저온에서 환원, 산화과정을 통해 영구적인 웨이브가 형성된다.
화학반응을 자세히 설명하면,

① 퍼머제 1제를 와인딩된 모발에 도포하면 1제의 성분 중 알칼리 성분에 의해 모발의 모표피가 팽창되어 열린다.

② 퍼머제 1제의 치오글리콜산 또는 시스테인의 환원작용에 따라 모발의 시스틴 결합이 수소결합에 의해 2개의 시스테인(–SH)이 되어 시스틴 결합이 절단된다.

③ 환원작용이 일어날 수 있도록 방치 타임을 둔다(보통 20분 정도).

④ 방치 타임 후에 퍼머제 2제(산화제)를 도포하면 산화제 주성분인 브롬산염 또는 과산화수소의 산소와 절단된 시스틴 결합과 재결합이 이루어진다.

이때 로드에 의해 모발의 구조 위치가 바뀐 상태로 재결합이 이루어진다.
이로 인하여 로드 아웃을 하면 로드의 모양형태로 영구적인 웨이브가 형성된다.

퍼머넌트 웨이브 원리

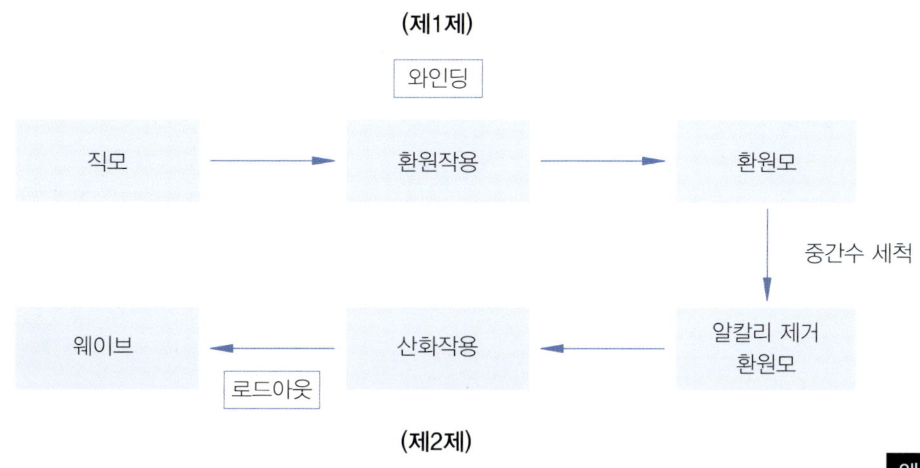

웨이브 원리

1. 퍼머넌트 웨이브 1제의 환원작용

- 환원은 수소와 결합하는 것이다.
- 환원제는 자신은 산화되면서 상대 물질을 환원시키는 물질로 반응 중 산소를 잃거나 전자를 얻는다.

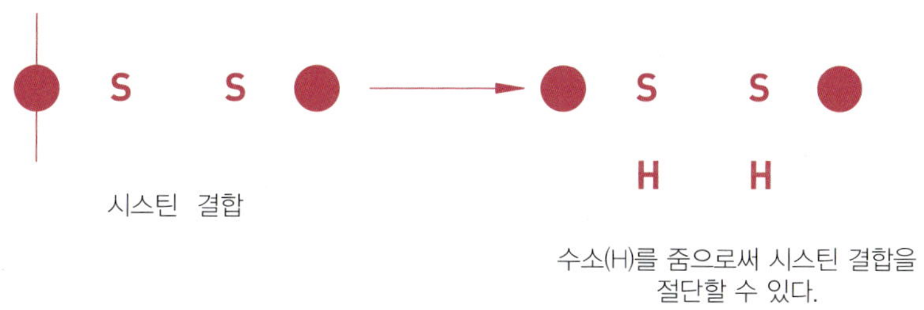

환원제 작용

2. 측쇄 결합의 종류

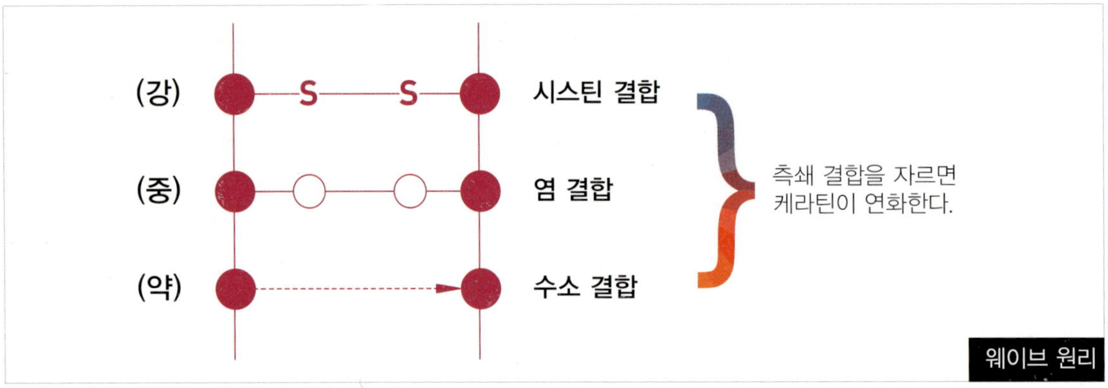

측쇄 결합과 퍼머제

구분	결합을 느슨하게 한다.	재결합시킨다.
시스틴 결합	환원제	산화제
염 결합	알칼리	약산성
수소 결합	물	탈수(건조)

3. 퍼머넌트 웨이브 2제의 산화작용

- 산화는 산소와 결합하는 것이다.
- 산화제는 상대를 산화시키는 물질로 환원되는 물질이다. 여기서는 산화제가 산소이다.

Permanent Wave

5 CHAPTER
퍼머넌트 웨이브제

Permanent Wave

우리나라에도 퍼머넌트 웨이브제를 제조하고 있는 모발화장품 회사가 많다. 제조회사별로 차별화를 두고 퍼머넌트 웨이브제를 제조한다. 다양한 퍼머넌트 웨이브제를 적절하게 사용하는 기술도 미용전문가로서 갖추어야 한다. 모발은 화학적인 시술로 한 번 손상이 되면 재생이 불가능하기 때문에 더욱 신경을 써서 모발의 상태에 맞는 퍼머넌트 웨이브제를 사용하여야 한다.

1 모발과 퍼머넌트 웨이브제의 관계

퍼머넌트 웨이브의 형성에 관여하는 요소가 있다.

1) 모발의 질

사람의 모발은 모질, 모류, 모량 등의 개인차가 있고 여러 가지 모질로 되어있다. 이러한 모질을 파악하는 것이 기본적으로 중요하다.

2) 모질에 따른 기술

모질에 따라 로드의 크기, 종류, 와인딩할 모발의 양에 따라 와인딩 테크닉이 달라질 수 있다.

3) 모질에 따른 퍼머넌트 웨이브제의 선택

모질에 따라 퍼머넌트 웨이브제를 적절하게 사용하여야 한다. 퍼머넌트 웨이브제는 모발의 질에 따라 다르게 제조된다. 이에 맞게 모발의 질을 잘 파악한 후에 사용하여야 한다.

(1) 모질의 분류는 다음과 같이 분류할 수 있다.

① 본질적 분류 : 직모, 파상모, 축모

② 체질적 분류 : 유(지)성모, 보통모, 건조모

③ 물리적 분류 : 강모, 경모, 보통모, 연모

④ 화학처리 분류 : 버진모(미처리모), 퍼머모, 헤어칼라모

⑤ 손상분류 : 건강모, 보통모, 손상모

⑥ 그 외(병, 이상) : 결절성 열모증, 백모, 그 외

2 퍼머넌트 웨이브제의 기준

우리나라에도 퍼머넌트 웨이브제를 제조하고 있는 모발화장품 회사가 많다. 제조회사별로 차별화를 두고 퍼머넌트 웨이브제를 제조한다. 다양한 퍼머넌트 웨이브제를 적절하게 사용하는 기술도 미용전문가로서 갖추어야 한다. 모발은 화학적인 시술로 한 번 손상이 되면 재생이 불가능하기 때문에 더욱 신경을 써서 모발의 상태에 맞는 퍼머넌트 웨이브제를 사용하여야 한다.

퍼머넌트 웨이브제의 제조기준에 따라 분류하여 제조된다. 퍼머넌트 웨이브제에 따라서는 화장품법에 의해 '퍼머넌트 웨이브 용제기준'이라 하고, 품질에 관해 국가기준이 정하고 있지만, 이 기준은 주로 주제 및 사용방법의 차이에 따라 용제를 7종류로 분류해 규제하고 있다.

현재 퍼머넌트 웨이브제는 모두 이 기준에 일치한 것이 아니면 조제 또는 판매가 인정될 수 없기 때문에 그것이 국산제품이거나 외국의 메이커 제품이거나, 혹은 외국에서 수입했거나 또 어떠한 명칭을 사용하고 있어도 모두 이 7종류의 분류 속에 속한 퍼머넌트 웨이브제이다.

퍼머넌트 웨이브제 기준은 '치오글리콜산(thioglycollic acid)' 또는 그 염류를 주성분으로 하는 '콜드 이욕식' 퍼머넌트 웨이브제의 기준을 정하고 '치오글리콜산' 또는 그 염류를 주성분으로 하는 '가온 이욕식' 퍼머넌트 웨이브제가 추가되고 시스틴(cystine)을 주성분으로 하는 '콜드 이욕식 퍼머넌트 웨이브제'와 치오글리콜산 또는 그 염류를 주성분으로 하는 '퍼머넌트 웨이브제'가 있다.

치오글리콜산 또는 그 염류를 주성분으로 하는 '콜드 이욕식 축모교정제' 및 치오글리콜산 또는 그 염류를 주성분으로 하는 '가온 이욕식 축모교정제' 등이 추가되어 7종류가 있다.

3 퍼머넌트 웨이브제의 종류 (분류)

퍼머제 분류

분류			퍼머넌트 웨이브제				
구성 성분 \ 구분			치오계콜드 이욕식 퍼머제	시스계콜드 이욕식 퍼머제	치오계가온 이욕식 퍼머제	시스계가온 이욕식 퍼머제	치오계콜드 이욕식 퍼머제
제1제	pH(25')		4.5~9.6	8.0~9.5	4.6~9.3	4.0~9.5	9.4~9.6
	알칼리(ml)		7ml 이하	12ml 이하	5ml 이하	9ml 이하	3.5~4.6ml
	시스틴 이외 전부 치오글리콜산		2.0~11.0%	시스틴 농도 3.0~7.5%	1.0~5.0%	시스틴 농도 1.5~5.5%	3.0~3.3%
제2제	브롬산 염류	pH	4.0~10.5				
		산화력	3.5 이상				
	과산화 수소	pH	2.5~3.5				
		산화력	0.8~3.0				
		H_2O_2	25% 이하				
사용 시 온도			실온 1~30℃	실온 1~30℃	60℃ 이하	60℃ 이하	실온 1~30℃

퍼머제의 조성

분류			퍼머넌트 웨이브제			축모교정제		
구성 성분 \ 구분			치오계 제1제 사용 시 조정 발열 이욕식 퍼머제			치오계 내 냉이욕식 축모 교정제	치오계가온 이욕식 축모 교정제	치오계가온 아이론사용 이욕식 교정제
			제1제의 (1)	제1제의 (2)	제1제의 (1),(2) 제혼합액			
제1제	pH(25')		4.5~9.6	2.6~4.5	4.6~9.4	4.5~9.6	4.5~9.3	4.5~9.3
	알칼리(ml)		10ml 이하	과산화 수소농도 2.7~3.0%	7ml	7ml 이하	5ml 이하	5ml 이하
	시스틴 이외 모두 치오글리콜산		8.0~ 19.0%		디치오 농도 3.2~ 4.0%	2.0~ 11.0%	2.0~ 5.0%	1.0~ 5.0%
					2.0~ 11.0%	점도4, CPS 이하	점도4, CPS 이하	
제2제	브롬산 염류	pH	4.0~10.0					
		산화력	3.5 이하					
	과산화 수소	pH	2.5~4.5					
		산화력	0.8~3.0					
		H_2O_2	2.5% 이하					
사용 시 온도			1제는 약 40℃ 2제는 30℃			실온 1~30℃	60℃ 이하	60℃ 이하 아이론 180℃ 이하

퍼머넌트 웨이브제 분류표

4 퍼머넌트 웨이브제 (화장품 분류)

1) 아황산나트륨 Sodium Sulfite

약한 환원제로 웨이브 형성이 매우 약하기 때문에 열의 힘과 얇은 로드를 사용하지 않으면 확실한 효과를 얻기 어렵다.

2) 시스테인계 - 치오계와 작용은 같다

화장품으로서의 배합량에 제한이 있으며 치오계와 비교하여 약하다. 손상모에 효과적이며, 건강모에는 부적합하다. 사용 로드를 얇게 하는 등의 연구가 필요하다.

3) 시스테아민

퍼머제의 환원제와 같으나, 배합량이 적다. 분자량이 작기 때문에 침투성이 높고 웨이브 형성력이 있다. 시스테아민 자체는 생체 중에 작용하는 성분의 하나이기 때문에 안전성에 문제는 없지만 보존 중에 괴상화 현상을 일으켜 취급이 까다롭기 때문에 염산을 첨가한 시스테아민염산염이 퍼머넌트 웨이브용으로 가공되고 있다.

4) E치오유산계

앞으로 사용이 가능하게 될 예정인 환원제이다.

5 퍼머넌트 웨이브제의 조성

퍼머넌트 웨이브제는 주 목적인 모발의 구조를 변화시켜 웨이브를 형성하거나, 곱슬 모발을 직모로 변화시켜야 한다. 그러나 이러한 화학적 변화로 모발은 손상을 입기가 쉽다. 퍼머넌트 웨이브제의 요소는 웨이브력과 트리트먼트력을 동시에 갖출 수 있는 성분을 함유해야 한다.

1) 퍼머넌트 웨이브 1제 (환원제)

① 환원제 : 치오글리콜산, 치오글리콜산암모늄(암모늄 치오글리콜레이트)
L-시스테인, DL-시스테인, 시스테아민, 아세틸 시스테인 등이 있다.

② 알칼리제 : 암모니아, 모노에탄올아민, 탄산수소암모늄 등이 있다.

③ 첨가제 : 안정제, 킬레이트제, pH 조절제, 계면활성제, 트리트먼트제 등이 있다.

(1) 환원제의 역할 - 모발의 시스틴 결합을 자르는 작용을 한다.

치오글리콜산은 침투력이 높고 웨이브를 만드는 폭이 넓다.
시스테인은 모발을 구성하는 성분과 같으며, 부드러운 질감을 얻을 수 있다. 반면 침투력이 낮고, 모발로의 작용은 치오계보다 약한 단점이 있다. 현재 많이 사용 중인 시스테아민은 치오계나 시스테인계에 비해서 웨이브의 형성력이 큰 것이 특징이다. 비교적 저배합량이라도 효율성 있게 컬을 형성할 수 있는 장점이 있다. 또한 반복해서 시술을 해도 모발 본래의 탄력이나 윤기가 유지되며, 다른 성분에 비해서 모발의 팽윤이 적고 손상의 정도가 적다.

(2) 치오글리콜산계(thioglycollic acid) 종류

치오글리콜산은 무색의 액체로 특히 냄새가 있으며, 강한 환원작용을 한다. 환원작용이라는 것은 산소를 빼앗는 반응 혹은 수소를 주는 화학반응으로 그 작용에 의해서 모발 단백질(케라틴)인 시스틴 결합을 절단시킨다. 환원작용이 강하다고 하는 것은 산화시키기 쉽다는 것이고, 공기 중의 산소에 의해 치오글리콜산이 산화되어 디치오글리콜산(Dithioglycollic acid)으로 되면 환원작용을 잃어버린다. 그래서 보존할 때는 용기를 밀봉해 그늘에서 보관해야 한다.

또 철이나 동 등의 금속과 같이 있으면 한층 산화되기 쉬우므로 치오글리콜산과 금속의 반응이 일어나기 때문에 치오글리콜산의 농도는 95% 이상이고 암모니아나 모노에탄놀아민은 5% 정도 사용된다.

① 치오글리콜산 : (퍼머제의 주제로 알칼리제로 중화하여 사용) pH는 산성(1.5)

② 치오글리콜산암모늄 : 암모니아로 중화한 것이다.

③ 치오글리콜산에탄올아민 : 모노에탄올아민으로 중화한 것이다.

(3) 시스테인계 종류

모발이나 새의 깃털을 원료로 가수분해하여 추출한 시스틴을 환원시켜 수소(H)를 첨가한 것이 시스테인이다. 모발은 케라틴이라는 경단백질로 화학적 결합으로 이루어져 있다. 모발을 산 또는 알칼리로 가수분해하면 약 18종류의 분자량 75~250 정도의 작은 amino acid로 나누어진다. 시스틴은 모발 아미노산 가운데 가장 많이 함유되어 있는 아미노산이고 모발의 특징을 나타내는 중요한 성분으로 되어있다. 시스테인은 이 시스틴을 전기분해로서 환원해 수소(H)를 준 환원제이지만, 치오글리콜산과 같이 퍼머넌트 웨이브제인 제1제의 주성분으로 첨가되어 제조되고 있다.

① L-시스테인(천연 아미노산) : 중성 아미노산으로 모발을 구성하는 아미노산과 동일하며, 산화되어 시스틴을 생성하기 쉽다.

② DL-시스테인(합성 아미노산) : D-체와 L-체의 같은 양 혼합물로 L-시스테인에 비해 시스틴을 생성하기 어렵다.

③ 염산 L- 시스테인(천연 아미노산) / 염산 DL-시스테인(합성 아미노산) : 염산염을 중화해야 하므로, pH조절제 등의 알칼리제를 과잉으로 사용해야 하는 단점이 있다.

(4) 알칼리제의 역할

pH를 높이고 모발을 팽윤, 연화시켜서 퍼머제의 침투를 높이고 환원제의 작용을 활발하게 만든다. 암모니아, 모노에탄올아민, 탄산수소암모늄 등이 있으며 배합하는 종류에 따라 퍼머제의 작용이 달라진다.

알칼리제 특성

알칼리제의 차이에 따른 콜드계 1제의 특성	
〈암모니아계〉 암모니아수	• 휘발성, 자극적 향이 강하고 알칼리 잔류가 적다. • 오버 타임이 적다. • 배합량에 따라 pH 상승이 현저하며 웨이브 형성력이 강하다.
〈아민계〉 모노에탄올아민 트리에탄올아민 등	• 불휘발성, 자극적 향이 적고 알칼리 잔류가 많다. • 오버 타임이 적고 팽윤이 낮다. • 배합량에 따라 pH 상승이 현저하므로 웨이브 형성이 강하다.
〈중성염계〉 탄산수소암모늄 중탄산암모늄 등	• 불휘발성, 자극적 향이 적고 알칼리 잔류가 많다. • 오버 타임은 비교적 적다. • 배합량을 증가해도 pH 상승이 어려우므로 웨이브 형성이 약하다.
〈염기성 아미노산계〉 아르기닌	• 알칼리성 아미노산으로 잔류해도 손상이 적다. • 특이취, 팽윤성이 낮다. • 모발과의 친화성은 높으나 반응은 약하다.

2) 퍼머넌트 웨이브 2제 (산화제)

① 산화제 : 브롬산나트륨, 브롬산칼륨, 과산화수소

② 첨가제 : 1제와의 상승효과를 가져다주는 배합성분이 사용되고 있다.

(1) 산화제의 역할

1제에 의해 잘린 시스틴 결합을 재결합시키는 작용을 한다. 과산화수소는 반응이 빠르고 산화력이 강하며, 방치시간이 브롬산나트륨에 비해 시간의 단축이 가능하며, 웨이브의 형태를 고정하고 유지시켜주는 작용은 브롬산 나트륨 타입이 일반적으로 많이 사용되고 있다.
2제는 산화력의 차이뿐만 아니라 처리 후의 모발의 pH, 질감, 헤어 컬러의 퇴색에도 영향을 주므로 목적에 맞추어 잘 사용해야 한다.

(2) 산화제의 종류

① 브롬산나트륨(브롬산소다/$NABRO_3$)

브롬산염의 제2제는 브롬산나트륨(취소산나트륨)을 주성분으로 하는 액상인 것이 대부분이고, 분말상인 제2제의 경우에는 주로 브롬산칼륨(취소산칼륨)이 사용된다. 브롬산나트륨과 브롬산칼륨의 차이는 화학식으로서 $NaBrO_3$와 $KBrO_3$로 Na(나트륨)과 K(칼륨)의 차이이고 산화작용 역시 브롬산칼륨의 쪽이 용해도가 적다. 0℃에서는 물 1,000㎖에 대해 약 3g이지만, 브롬산나트륨에서는 약 28g이면 9배 더 잘 녹고, 20℃에서는 브롬산칼륨 약 7g에 대해 브롬산나트륨의 경우는 약 35g이면 5배의 용해도를 가지고 있다. 그러므로 브롬산나트륨 쪽이 상온에서 잘 녹아 수용액으로 사용되고, 제2제의 처리시간도 짧게 끝낸다는 장점이 있다. 현재 시판되고 있는 액상의 제2제에서는 5~20% 정도까지의 브롬산나트륨이 포함되고, 제조 시에 3~5배 정도로 물로 희석해 사용한다. 사용되는 농도는 5~6%로 되어 있는 것이 많다. 제2제의 pH는 기준에 의하면 1인 1회분의 양을 물 또는 미온수 200㎖에 녹여서 25℃에서 측정했을 때 4.0~9.0의 범위에 들어가야만 한다. 브롬산염의 경우에는 산성범위에서 안전한 상태를 유지하는 것이 어려우므로 시판되는 액상타입으로 제2제의 pH는 5.0~7.5 정도가 많다. 산화 작용은 약하며 모발의 손상과 변색이 적다. pH 5~7이고 방치시간은 10~15분 전·후이다.

② 과산화수소(H_2O_2)

과산화수소 제2제의 경우에는 과산화수소가 산성범위에서 안정되고, 알칼리 범위에서는 매우 불안정하므로 pH는 낮게 설정하고 있고 2.5~4.5의 범위이다. 시판품의 pH는 2.5~3.5 정도가 가장 많으며 H_2O_2는 브롬산염에 비해 화학적으로 불안정하고 햇빛이나 미량의 중금속의 존재에 따라서 비교적 간단히 분해하기 때문에 처방에 대해서는 특별히 조심할 필요가 없다. 산화작용은 강하며 모발의 손상과 변색이 크다. pH 2.3~3.5이고 방치시간은 5~7분 전·후이다.

3) 첨가제

퍼머넌트 웨이브제의 모발 침투를 좋게 하거나 안정성, 사용감, 냄새 등을 개선하기 위해 1제나 2제에 첨가하는 성분이다.

(1) 침투제

- **산화제(제2제)의 종류**

  1제에 의해 잘린 시스틴 결합을 재결합시키는 작용을 한다.

  형태를 고정, 유지시켜주는 작용을 하며 취소산(브롬산염) 타입이 일반적으로 많이 사용되고 있다.

브롬산나트륨(취소산나트륨, $NaBrO_3$)
- 농도는 5~10%로 사용
- 산성쪽에서 활성화
- 부드러운 산화 작용

과산화수소(H_2O_2)
- 농도는 1~1.5%로 사용
- 알칼리성쪽에서 활성화
- 강력한 산화 작용

퍼머넌트 웨이브제의 모발 침투를 용이하게 하기 위해 첨가되는 약제가 침투제이다. 이러한 이유로 침투제로 계면활성제를 첨가하는데, 액체의 표면장력을 적게하는 작용을 한다.
계면활성제 종류는 음이온(아니온) 계면활성제, 양이온(카치온) 계면활성제, 양면 계면활성제, 비이온 계면활성제의 4종류로 나눈다.

① 음이온 계면활성제 Anionic surfactants

계면활성제가 물에 용해되어 전리할 때 친수성 부분이 (−)전하를 가진 것이다.

기포력, 세정력이 우수한 것이 많아 샴푸에 널리 사용되고 있다.

② 양이온 계면활성제 Cationic surfactants

계면활성제가 물에 녹아서 전리할 때 친수성 부분이 (+)전하를 가진 것이다.

양이온 계면활성제는 삼푸에는 거의 사용하지 않는다.
이것은 역성비누(비누가 음이온인 것에 반대이기 때문)라고 불리는 것으로 소독, 살균용으로 손을 씻을 목적으로 사용되고 있으나, 기포성이 적어 샴푸제로는 거의 사용하지 않는다. 모발에 대한 흡착력이 강하기 때문에 린스제, 트리트먼트제에 사용하고 있다.
모발 유연 효과도 높기 때문에 샴푸제에 배합하려는 시도도 있었지만 음이온의 샴푸제에 배합하면 (+), (−)의 전기적 인력에서 양자가 결합한 물질이 만들어져 그 효과가 발휘되지 않는다. 그래서 양이온 계면활성제에 음이온 계면활성제가 양립할 수 있는 것으로 린스인 샴푸 등이 만들어졌다.

③ 양쪽성 계면활성제 Amphoteric surfactants

계면활성제가 물에 용해되어 전리할 때 친수성 부분이 (+), (−) 전하를 모두 가진 것이다.

음이온 계면활성제에 비해서 세정성은 떨어지지만 저자극성이고, 눈에 대한 자극성이 낮기 때문에 음이온 계면활성제와 조합하여 안전성의 향상, 점도 증가 등의 보조적인 목적으로 사용되고 있다. 오래전부터 베이비 샴푸의 주요 원료로 사용되고 있다.

④ 비이온성 계면활성제 Nonionic surfactants

계면활성제가 물에 녹아서 전리할 때 이온성을 나타내지 않는 것이다.

유화제, 침투제, 습윤제, 가용화제로서의 사용 목적이 다양하지만 단독으로는 사용하지 않는다. 기포안정성 향상, 샴푸기제의 점도 증가, 저온에서의 안정성 향상 등의 목적으로 사용되고 있다. 음이온 계면 활성제의 보조적인 역할을 하는 기포세정제이다.

⑤ 천연 계면활성제 Natural surfactants

인산에스텔의 음이온 계면활성제와 제4급 암모늄염의 양이온 계면활성제를 공유하는 레시틴이 대표적이다.

(2) 습윤제

피부나 모발에 적당한 촉촉함을 갖게 하고 습기를 줄 수 있기 때문에 글리세린, 솔비톨, 프로필렌 글리콜, 프로리돈칼본산 나트륨 등 이외 동·식물 유출성분 등에도 습윤 작용이 있는 것이 많이 있다. 모발의 손상부위에 잘 흡착되는 성질이 있기 때문에 손상모의 회복도 기대되고 또 약액에서 모발을 보호하기 위해서도 사용되고 있다. 최근에는 히알루론산 같은 바이오 성분이 주목된다.

(3) 유화제, 가용화제

퍼머(perm)약제에는 피부나 모발을 보호하거나 감촉을 좋게 할 목적으로 유지, 왁스 그 밖의 성분을 첨가시킨다. 물에 녹지 않는 것이나 녹기 어려운 성분을 용해시키고, 분해시키기 위해 사용하는 성분이 유화제, 가용화제이다.

(4) 유성성분

모발에 유분이나 영양분을 보급하고, 모발을 약제에서 보호시킬 수 있는 성분으로 동·식물유, 왁스, 광물유 등을 사용한다. 화장품의 역사와 함께 오래 전부터 사용해 왔다.
양모의 지방성분인 라놀린, 올리브의 열매에서 얻어지는 올리브유를 비롯해 피마자유, 카카오지방, 면실유, 밀랍, 목납, 우지 등의 동·식물유가 있다. 이것의 동·식물유에서 얻어지는 올레인산이나 스테알린산(stearic), 미리스틱산(Myristic), 세타놀 스테알렌 알코올 등도 동·식물유와 같은 모양으로 사용된다.

(5) 착색제

사용되는 착색제는 화장품이나 perm제에 사용할 수 있다. 이 법정색소는 빛, 열, 산, 알칼리, 산화제, 환원제 등의 약품에 약한 것이 많고 perm약제의 제1제나 제2제 등은 강한 환원제나 산화제를 함유하기 때문에 안정감 있는 색소가 적은 것은 변색하거나 퇴색되기도 하는 색소가 많이 있다. 특히 직사광선이 닿는 경우나 온도가 높은 경우에는 색이 변화하거나 빠질 수가 있다.

(6) 향료

천연의 향료로서는 식물의 꽃이나 잎 등에서 얻을 수 있는 정유(精油)라고 불리는 성분이나 동물의 종류에서 얻어지는 분비물을 사용하고 있다. 또 천연의 향료에 가까운 냄새이며 이를 배합시킨다. 향료는 산화제나 환원제, 열 등에 약한 것이 많기 때문에 perm약제용의 향료는 한정되어 있다.

(7) 그 밖의 원료

치오글리콜산, 시스테인, 과산화수소 등은 철, 동, 그 밖의 금속이 약간이라도 들어가면 안정성이 현저히 나빠진다. 미량의 금속을 봉쇄하기 위해서 킬레이트제(금속 봉쇄제)를 안정제로 첨가시키고 있다.
킬레이트제는 금속을 둘러싸고 치오글리콜산이나 시스테인, 과산화수소와 금속이 반응하지 않도록 작용한다.

6 퍼머넌트 웨이브제의 온도와 캡

화학반응은 온도와 밀접한 관계가 있다. 퍼머넌트 웨이브에서 웨이브 효율을 높이기 위해 시술 시 캡을 사용한다. 퍼머넌트 웨이브제의 액체온도와 제1제 및 제2제 반응 시의 온도, 모발과의 반응온도의 높고 낮음은 웨이브 형성력이나 반응 시간에 큰 영향을 준다.

퍼머넌트 웨이브 제1제 반응 시의 온도 관리는 제1제 시술 중에서 와인딩이 끝나고 약액을 도포한 후에 캡을 씌운다. 이것은 화학반응에 영향을 주고 퍼머넌트 웨이브 형성에 중요한 영향을 준다.

1) 캡을 씌우는 목적

① 알칼리의 휘발을 방지, pH를 일정하게 유지하도록 한다.

② 공기와의 접촉을 차단해 제1제의 공기 산화를 방지한다.

③ 캡을 씌움에 따라 체온이 떨어짐을 방지하고 반응 온도가 상승하는 것을 보조하는 작용을 가진다.

7 퍼머넌트 웨이브제의 안전성

퍼머넌트 웨이브약제에 관한 법규에 대해 알아보기로 한다.

1) 퍼머넌트 웨이브제의 안전성과 법규

(1) 화장품법

퍼머넌트 웨이브제의 화장품법상의 분류는 「의약부외품」에 속해 있다. 화장품 법은 의약품, 의약부외품, 화장품 및 의료용구에 대해 이것의 품질 효능성 및 안전성을 확보하는 것을 목적으로 한다. 외국의 많은 퍼머넌트 웨이브제나 염모제를 화장품으로서 취급하고 있고 「의약부외품」이라는 개념은 우리나라 독자의 분류라고 할 수 있다. 의약부외품은 효능·효과 및 인체에 대한 작용의 점 등에 있어 의약품과 화장품 중간에 위치하는 것이라 생각해도 큰 차이는 없으며, 그 제조에 대해서는 의약품 나열의 엄격한 규제가 있지만, 판매에 대해서는 규제가 없다. 어디서나 누구에게나 자유롭게 판매할 수 있다. 그래서 그 제조에 있어서는 법이 정한 바에 의해 품목마다 판매명, 성분, 분량, 용법 및 용량, 효능 또는 효과 등에 대해서 엄밀한 심사를 받고 적절한 효능·효과를 갖는 동시에 인체에 대해 작용이 완화되었다고 하나 제조승인 및 제조허가는 받아야 된다.

(2) 퍼머넌트 웨이브제 기준

화장품법에는 보건위생상의 위해(危害)를 방지하기 위해 필요하다고 인정될 때는 의약부외품, 화장품 또는 의료용구에 대해 그 성질, 품질, 성능 등에 관해 필요한 기준을 설정할 수 있다고 규정하고 있다. 퍼머넌트 웨이브제 기준의 내용에 대해서는 상세하게 서술되어 있고 퍼머넌트 웨이브제의 종류 제1제, 제2제의 주제나 배합량, pH, 알칼리, 산화력, 점도, 불순물, 사용할 때의 온도 조건 등을 세밀히 규정하고 있다. 이는 우리나라에서 시판하고 있는 퍼머넌트 웨이브제의 품질 안전성을 확보하는 데 매우 중요한 것이다.

(3) 퍼머넌트 웨이브제의 사용상 주의

퍼머넌트 웨이브제는 용법이나 용량을 엄수해 바르게 사용하지 않으면 모발이나 피부 등에 장애를 일으키거나 생각지 않던 사고를 일으킬 수 있다. 모든 종류의 퍼머넌트 웨이브제에는 그 첨가문서에 「사용상의 주의」를 기재하는 것이 의무로 붙여져 있다. 용기의 주의사항 등을 숙지하고 올바르게 사용하여야 한다.

(4) 성분 및 사용기한 등의 표시

의약부외품의 직접용기에는 화장품법에 정해진 사항을 기재해야 한다. 그 중에서 특히 안전성의 확보와 관련하는 사항으로서는 성분명의 표시와 사용기한의 표시가 있다. 성분명을 표시하는 목적은 소비자가 정보를 기초로 해 과거에 자신이 알레르기 등의 피부장애를 일으킨 적이 있는 성분을 함유한 제품의 사용을 미연에 피할 수 있도록 하는 것이다.

8 퍼머 제품 예

퍼머 제품

콜라겐 단백질과 적정한 알칼리제의 사용으로 시술 시 모발의 과도한 팽윤현상(부품현상)을 방지하고 저자극의 효과가 뛰어난 환원제를 사용하여 심한 극손상모라 할지라도 손상없이 원하는 스타일을 연출할 수 있게 한다. 보습제의 함유로 모발 수분 밸런스를 조절하여 더욱 윤기 있고 건강한 머릿결을 유지한다.

- 콜라겐 단백질과 적정한 알칼리제의 사용으로 시술 시 모발의 과도한 팽윤현상을 방지한다.
- 뛰어난 환원제를 사용하여 심한 극손상모도 손상없이 원하는 스타일을 연출한다.
- 보습제 함유로 더욱 윤기 있고 건강한 머릿결을 유지한다.
- 다양한 시술이 가능한 멀티 펌제이다.

6 CHAPTER

퍼머넌트 웨이브의 종류

Permanent Wave

퍼머넌트 웨이브제 성분과 가온여부에 따른 종류, 퍼머넌트 웨이브제의 사용방법에 따른 종류, 환원력에 따른 분류, pH에 따른 종류, 가온여부에 따른 퍼머넌트 웨이브 종류, 퍼머넌트 웨이브의 스타일에 따른 분류

1 퍼머넌트 웨이브제 성분과 가온여부에 따른 종류

① 치오글리콜산 및 그 염류를 주성분으로 하는 냉 2욕식

② 시스테인 및 그 염류를 주성분으로 하는 냉 2욕식

③ 치오글리콜산 및 그 염류를 주성분으로 하는 냉 2욕식 축모교정용

④ 치오글리콜산 및 그 염류를 주성분으로 하는 가온 2욕식

⑤ 치오글리콜산 및 그 염류를 주성분으로 하는 냉 1욕식

2 퍼머넌트 웨이브제의 사용방법에 따른 종류

1) 1욕법

One Step Wave라고도 한다. 보통의 콜드 웨이브는 2욕식이 많으나 1욕식 콜드 웨이브는 퍼머넌트 웨이브 용액을 한 종류만 사용하는 방법이다.
치오글리콜산의 농도와 알칼리제의 양이 2욕식보다 낮게 설정되어 있다. 제2액의 산화제를 사용하는 대신에 공기 중의 산소와 린스제의 수중 산소로써 자연 산화를 이용해서 시스테인을 재결합시켜 퍼머넌트 웨이브를 형성한다. pH는 9.4~9.6이다.
너무 장시간에 걸쳐 웨이브가 완성되면 웨이브 형성력이 낮아 미용실용으로는 적합하지 않다.

2) 2욕법

Two Step Wave라고도 한다. 가장 일반적으로 많이 사용하고 있고, 1단계인 환원제와 2단계인 산화제의 두 종류로 이루어져 있다. 퍼머넌트 웨이브를 형성하거나, 모발을 직모로 만들 때 사용한다. 환원제와 산화제로 상온에서 시술하는 방법과 약 60℃ 정도 가온하여 시술하기도 한다.

3) 3욕법

Three Step Wave라고도 한다. 모발이 경모이거나 강한 모발에 사용하거나 심하게 손상된 모발에 탄력 있는 웨이브를 형성하기 위해 사용한다.
3가지 단계에서 첫 단계는 특수활성제라고 하여 모발을 팽윤·연화시키기 위해 와인딩 전에 모발에 도포한다. 두 번째 단계는 2욕법의 1제와 같은 역할을 하고 3단계는 2욕법의 2제와 같은 역할을 한다.

3 환원력에 따른 분류

1) 치오글리콜산 퍼머넌트 웨이브

치오글리콜산이 주성분이며 알칼리에서 강한 환원력을 가지고 있다. 환원력이 강하기 때문에 건강모, 경모 등의 웨이브 형성에 사용된다. 치오글리콜산 함량은 2~7% 정도이고, pH는 회사별로 차이가 있다.

2) 시스테인 퍼머넌트 웨이브

모발의 손상을 감소시키고 시술 후 모질의 개선을 위해 사용하며, 웨이브 형성력이 치오글리콜산보다 떨어져 로드 사용 등에 주의해야 한다. 환원력이 약하므로 손상된 모발의 웨이브 형성에 사용한다.

4 pH에 따른 종류

1) 치오글리콜산, 시스테인 알칼리성 퍼머넌트 웨이브제

치오글리콜산과 시스테인을 주성분으로 하는 퍼머넌트 웨이브제이며 pH 범위를 알칼리 범위에서 제조한다. 알칼리성이 되기 위해 암모니아 또는 모노에탄올아민 등을 첨가한다. 이러한 이유는 닫혀 있는 모표피를 열어 퍼머넌트 웨이브제의 침투를 용이하게 하기 위함이다.

2) 산성 퍼머넌트 웨이브

약산성 퍼머넌트 웨이브제로 치오글리콜산이 주성분이며 모노에탄올아민 등과 같은 알칼리제 대신 계면활성제를 첨가하여 제조한다.

산성 퍼머넌트 웨이브라고 부르는 것은 모발의 손상을 줄이기 위해 개발된 것으로 pH 4~6 정도의 약산성으로 제조된 것이다.

모표피의 팽윤·연화 작용이 약하기 때문에 약액의 침투가 쉽지 않다. 이러한 이유로 환원력이 떨어져 웨이브 형성 시 로드 등을 고려하여야 하고, 환원력이 약하기 때문에 손상모 등의 웨이브 형성에 유리하다.

5 가온여부에 따른 퍼머넌트 웨이브 종류

1) 가온식 퍼머넌트 웨이브

치오글리콜산을 주성분으로 하는 가온 2욕식과 시스테인을 주성분으로 하는 가온 2욕식 퍼머넌트 웨이브가 있다.

제1액을 도포한 후 헤어 스티머 등을 사용해서 60℃ 이하의 열을 와인딩 부분에 가하는 방법이다. 열에 의해 약액의 반응이 촉진되므로 제1액의 치오글리콜산과 알칼리제, 시스테인의 농도 등 콜드식 퍼머넌트 웨이브제보다는 낮은 배합으로 되어 있다. 제2액은 2욕식 퍼머넌트 웨이브에 사용되어 있는 것과 같으며 2제 도포 후에도 가온을 하여 반응을 촉진시킬 수 있다.

2) 냉(콜드) 퍼머넌트 웨이브

퍼머넌트 웨이브제 1제, 2제를 도포한 후 가온을 하지 않는 시술이다.

6 퍼머넌트 웨이브의 스타일에 따른 분류

1) 섀도 펌

섀도(Shadow)는 자연스럽고 굵은 펌으로 시술 후에 스타일 제품으로 스타일을 잘 잡아 주면서 드라이한다. 섀도(Shadow) 펌은 웨이브 형성력이 좋은게 아닌 퍼머넌트 웨이브를 형성한 듯, 안한 듯 한 퍼머넌트이다.

2) 포일 펌

포일을 로드 대용으로 모발을 감싸고 트위스트 모양으로 비틀어 웨이브를 형성한다. 모발의 손상도가 크다.

3) 텍스처 펌

텍스처는 질감(거칠다, 부드럽다, 매끄럽다, 가볍다, 풍성하다)을 말하는 것으로 주로 가볍고 부드러운 느낌을 말한다. 모발의 굵고 억세고 숱이 적거나 많은 결점을 질감처리 하여 퍼머한 것이 텍스처 펌이다. 일반적으로 파도를 연상시키는 굵고 탄력 있는 웨이브 펌을 텍스처 펌이라 한다.

4) 드레드락

핑 퍼머를 하여 흑인 모발과 최대한 가까운 형태를 만든 후에 백콤을 넣어 가닥을 만드는 머리로 일반적으로 드레드라 불리는 드레드 익스텐션보다 더 푹신푹신한 느낌으로 소프트 드레드로 불리기도 하고, 조금씩 풀리는 것을 방지하고 딱딱한 느낌을 연출하기 위해 왁스를 발라주기도 한다.

5) 아프로 드레드 익스텐션 afro dread extension

핑 퍼머를 하여 흑인 특유의 꼬불꼬불한 모발을 만든 후에 백코밍(backcombing)을 하여 드레드락(dreadlock)한 후에 드레드 전용 가발을 익스텐션(extension)하는 순서로 시술한다.
역시 드레드 왁스를 사용하여 더욱 딱딱한 느낌으로 연출 가능하다. 두피에서부터 드레드 가닥이 나온 것처럼 자연스럽고, 오랜 시간이 경과하여도 어색하지 않은 장점이 있으나 강한 핑 퍼머와 백코밍(backcombing) 작업으로 인해 머릿결 손상이 많은 단점이 있다.

6) 스핀 드레드 익스텐션 spin dread extension

핑 퍼머와 백코밍(backcombing) 작업 없이 시술하는 드레드로서 스핀들을 응용한 것으로 브레이딩(braiding) 후에 드레드 전용가발을 스핀들 하는 방법으로 완성한다. 땋은 자국이 보이지 않고 핑 퍼머와 백코밍(backcombing) 작업이 빠짐으로 인해 머릿결 손상이 전혀 없고 퍼머 비용이 없으므로 아프로 드레드 익스텐션에 비해 가격이 저렴한 장점이 있으나 핑 퍼머와 백콤작업이 빠짐으로써 두피 부분에 생머리가 조금 보이는 단점이 있다.

7) 글루 드레드 익스텐션 glue dread extension

스핀 드레드와 마찬가지로 핑 퍼머 없이 시술하는 드레드로 머리 길이가 5~10센티일 경우에 가장 적당하며 드레드 전용 가발로 익스텐션 한 후에 드레드를 완성한다. 핑 퍼머와 백코밍 작업이 빠짐으로써 머릿결 손상이 없고 머리가 짧아도 가능한 장점이 있으나, 두피 부분에 생머리가 보이고 잔머리가 빠져나오며 머리를 풀 시에 실리콘을 녹여서 뜯어내야 하는 단점이 있다.

Permanent Wave

7 CHAPTER
퍼머의 웨이브 효율

Permanent Wave

평면적인 웨이브력을 측정하여 퍼머제의 환원력을 판단한다.

1 웨이브 효율 측정

평면적인 웨이브력을 측정하여 퍼머제의 환원력을 판단한다.

1) 킬비법

$$\frac{\text{로드의 직경}}{\text{형성된 웨이브의 직경}} \times 100 = \text{웨이브 효율(\%)}$$

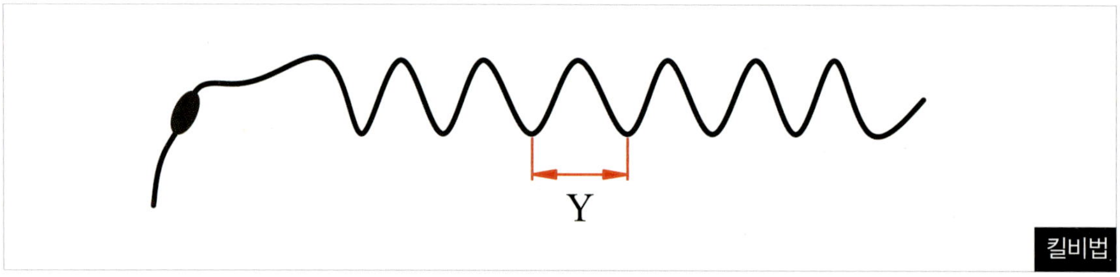

킬비법

2) SP 효율

SP 효율은 입체적인 웨이브를 측정한다. 웨이브의 탄력과 리지감을 표현한다.
웨이브 효율은 사용 로드의 직경과 마무리 웨이브의 직경비이다.

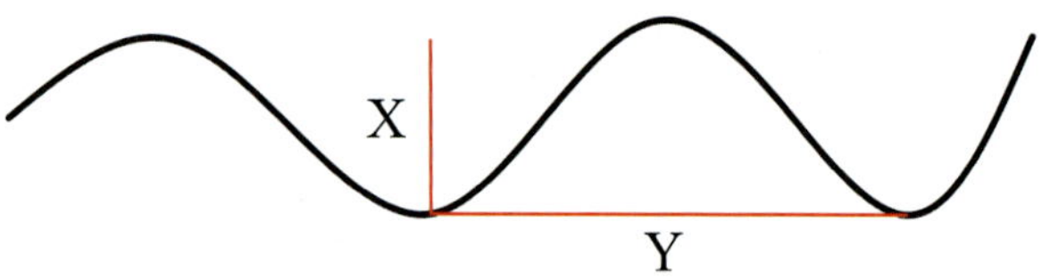

$$\frac{\text{웨이브 폭(Y)}}{\text{웨이브 높이(X)}} \times 100 = \text{SP 효율(\%)}$$

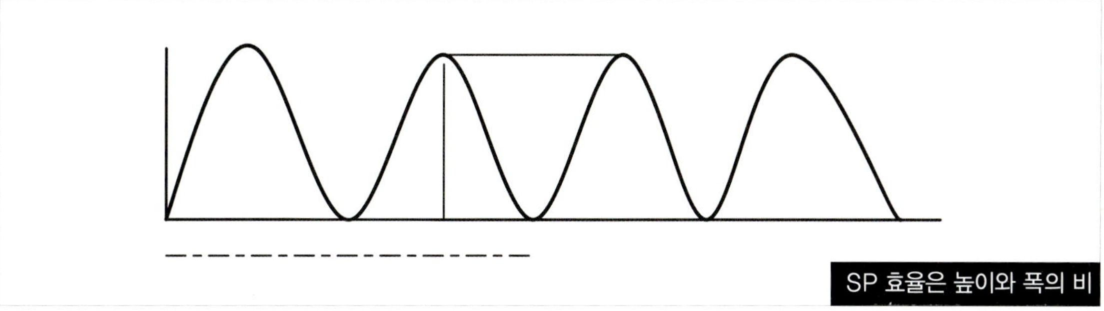

SP 효율은 높이와 폭의 비

2 로드와 웨이브의 비율

기본적으로 1회전 1/2과 2회전에서 컬의 모양이 S형으로 형성된다.
물론 사용약제, 사용로드, 모발상태, 와인딩 텐션 등에 따라 다르게 형성될 수도 있다.

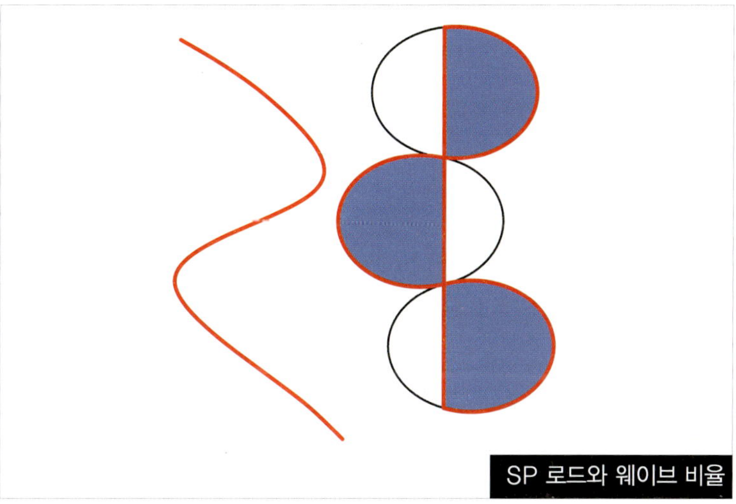

SP 로드와 웨이브 비율

3 퍼머넌트 웨이브제의 시간에 따른 차이

시간에 따른 웨이브

시간 / 퍼머제	5분	10분	15분	20분
치오글리콜산	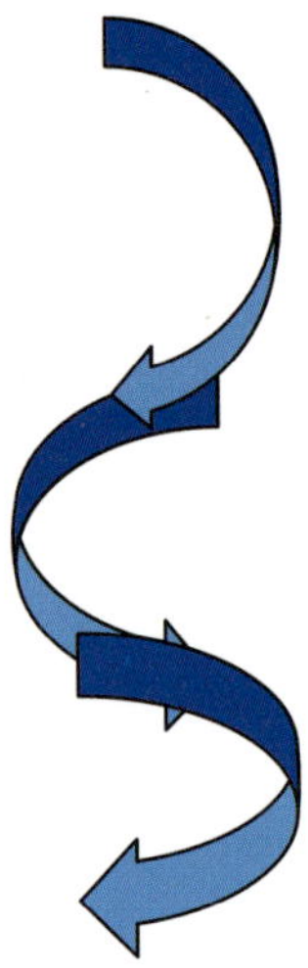	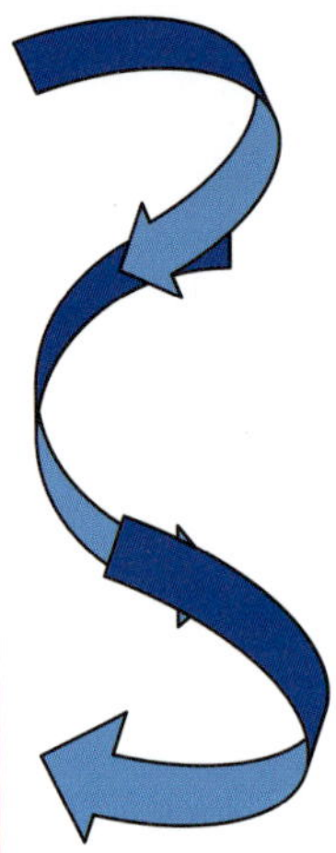	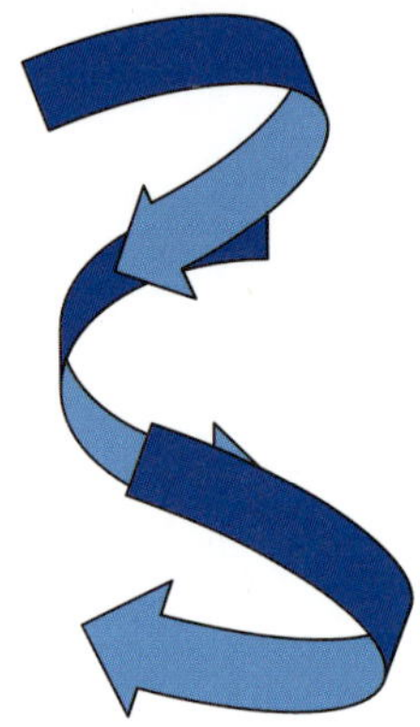	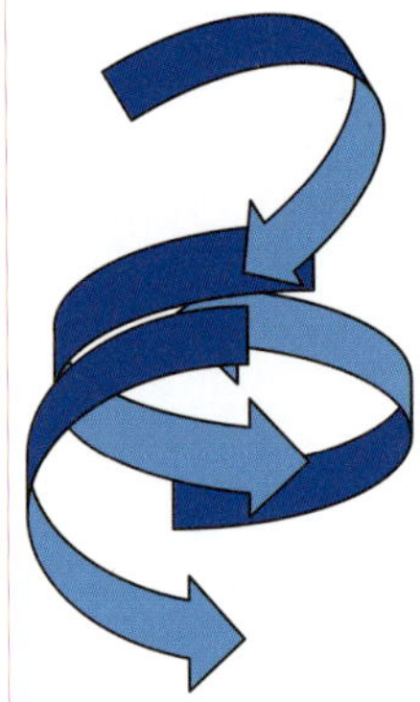
시스틴	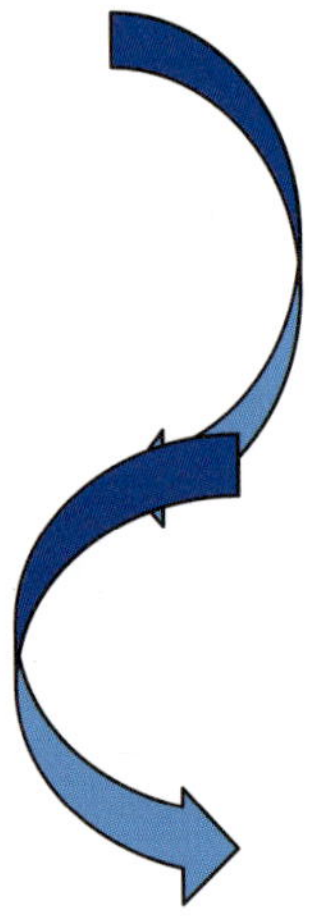	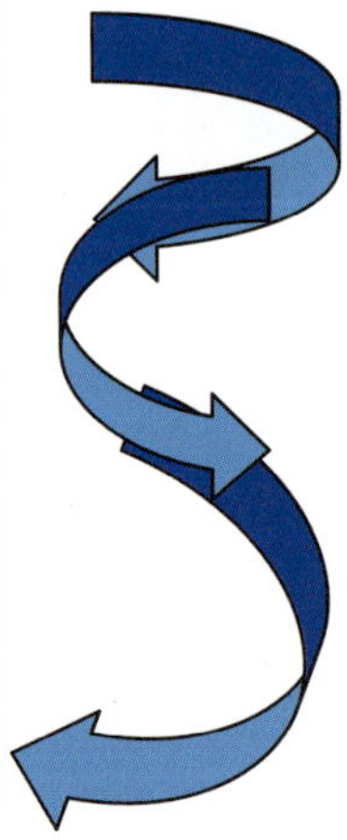	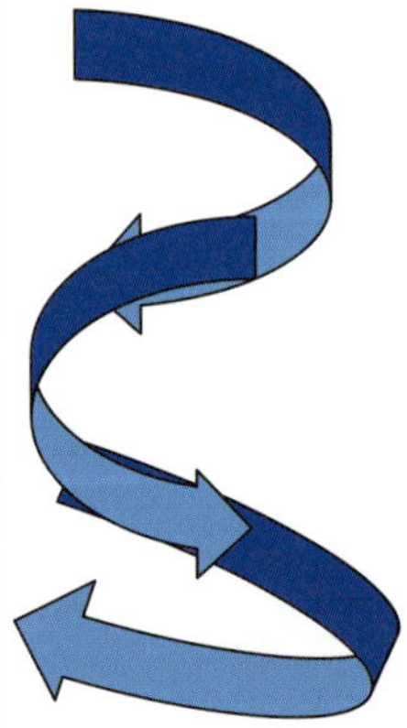	

4 와인딩 위치에 따른 웨이브 차이

와인딩 위치에 따른 웨이브

기본 와인딩	중간 와인딩	뿌리 와인딩
	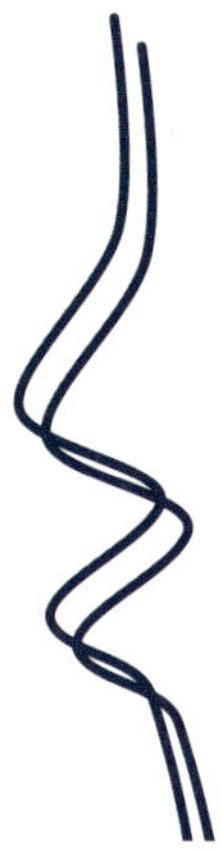	
모선부터 와인딩한다.	중간부터 와인딩한다.	뿌리부터 와인딩한다.
기본 와인딩, 와인딩 회전수가 많을수록 모선에 강한 컬이 형성된다.	기장의 중간부터 컬이 형성된다.	뿌리 부분에 강한 컬이 형성된다.

1) 와인딩 사진

(1) 모선 와인딩(크로키놀식)

크로키놀식은 일반적인 와인딩 기법으로 모선에서 모근방향으로 로드를 와인딩하는 기법으로 모발이 계속적으로 겹쳐서 와인딩되는 것이다.

크로키놀식

① 모선을 모아서 와인딩하기

모아서 와인딩

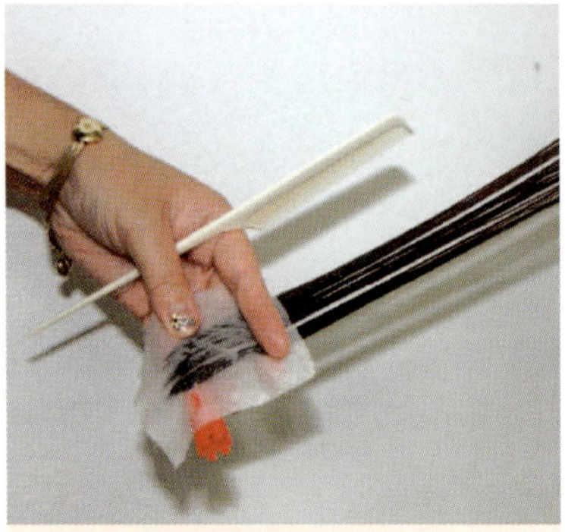

01 모선을 모은다.

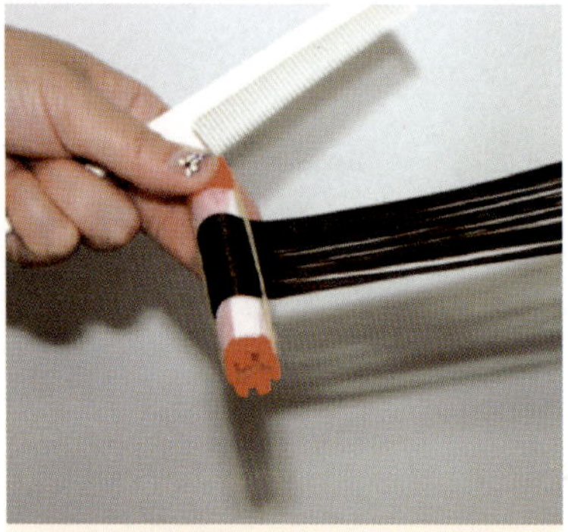

02 와인딩한다.

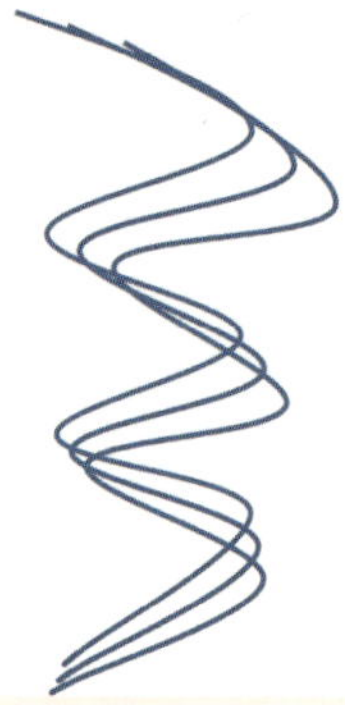

03 컬 모양

② 모선을 모으지 않고 와인딩하기

모으지 않고 와인딩

01 모선을 모으지 않고 가지런히 정리

02 와인딩한다.

03 컬 모양

(2) 중간 와인딩 사진

중간 와인딩

01 모발의 중간부터 와인딩

02 와인딩 완성

03 컬모양

(3) 뿌리 와인딩 사진

뿌리 와인딩

01 모발의 뿌리 부분 와인딩

02 와인딩 완성

03 컬모양

(4) 스파이럴 와인딩

스파이럴(나사선 모양) 와인딩은 나사선 모양으로 모발을 와인딩하는 기법이다.
모선 또는 모근에서 시술을 할 수 있고, 그냥 모발을 와인딩하는 것과 모발을 꼬아서 와인딩하는 것으로 나눌 수 있다. 모발을 꼬아서 와인딩하면 모발의 컬이 더 탄력있게 표현된다.

스파이럴식

① 스파이럴 모선 와인딩

스파이럴 와인딩(느슨하게)

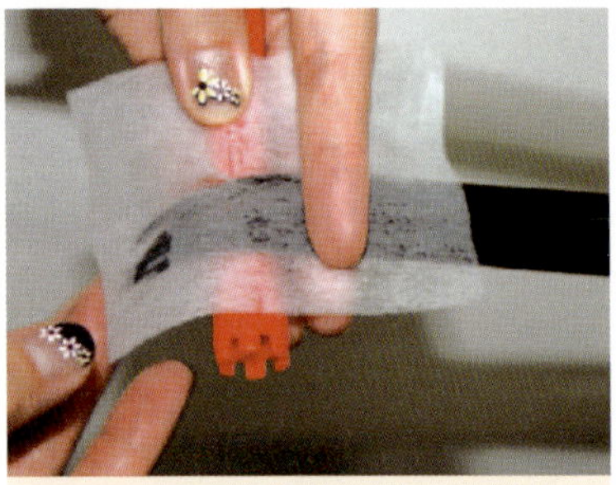
01 모선을 꼬지 않고 가지런히 정리

02 모선부터 와인딩한다

03 뿌리까지 와인딩

04 와인딩 완성

QR 모선에서 모근 느슨하게

② 스파이럴 모근 와인딩

스파이럴 와인딩(느슨하게)

01 모선을 꼬지 않고 가지런히 정리

02 와인딩 진행

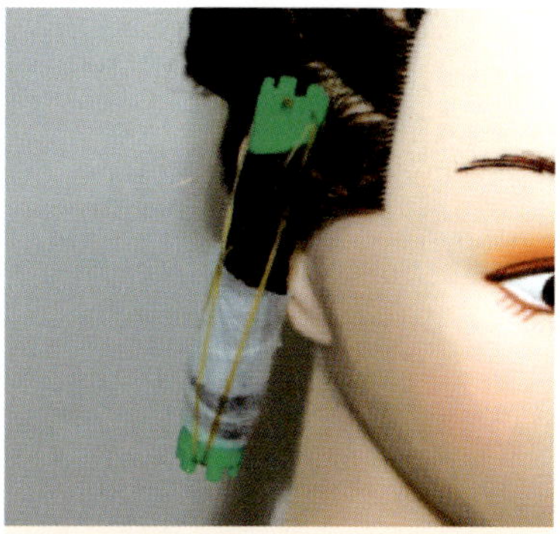
03 와인딩 완성

04 컬 모양

QR 모근에서 보선 느슨하게

③ 스파이럴 모선 와인딩

스파이럴 모선 와인딩(꼬아서)

01 모발을 가지런히 모아 모선 와인딩 시작

02 와인딩 페이퍼 고정

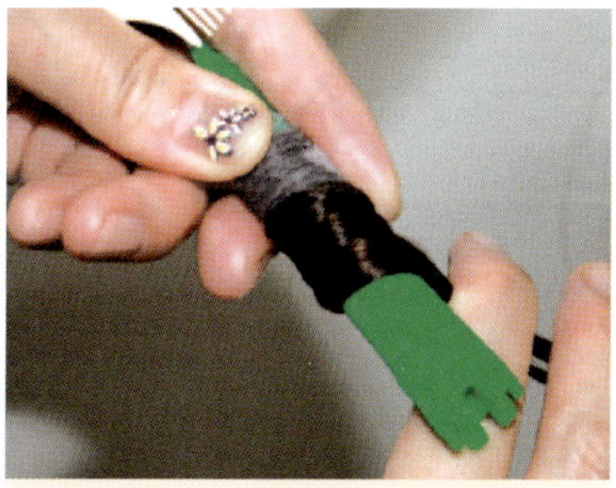
03 와인딩 시 모발을 꼬아서 진행

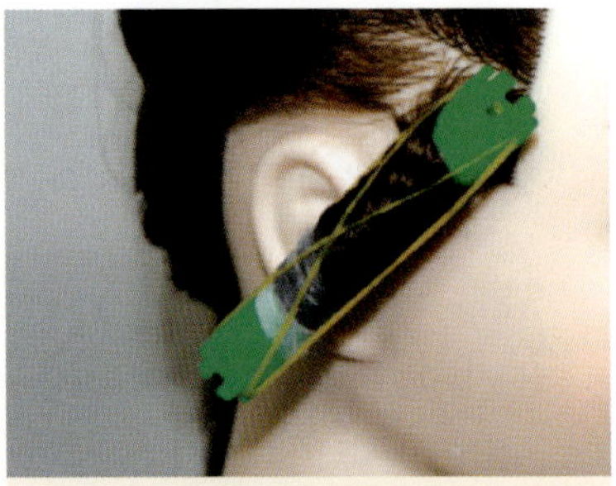
04 와인딩 완성

QR 모선에서 모근 강하게

④ 스파이럴 모근 와인딩

모발을 꼬아서 와인딩하는 기법으로 스파이럴 와인딩의 한 종류이다.

탄력 있는 웨이브(컬)를 원할 때 와인딩하는 기법이다.

스파이럴 모근 와인딩(꼬아서)

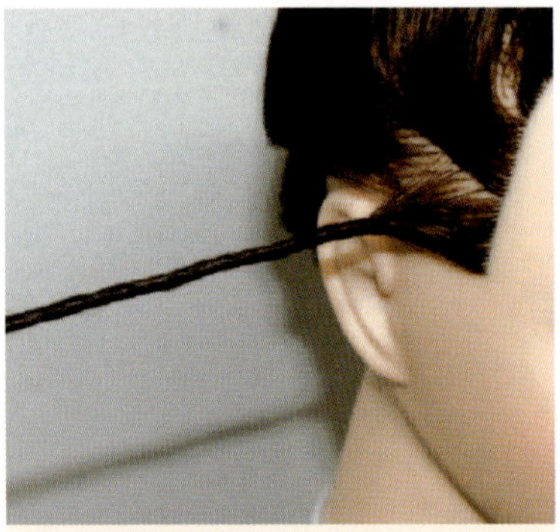
01 모발을 꼬아서 와인딩 시작

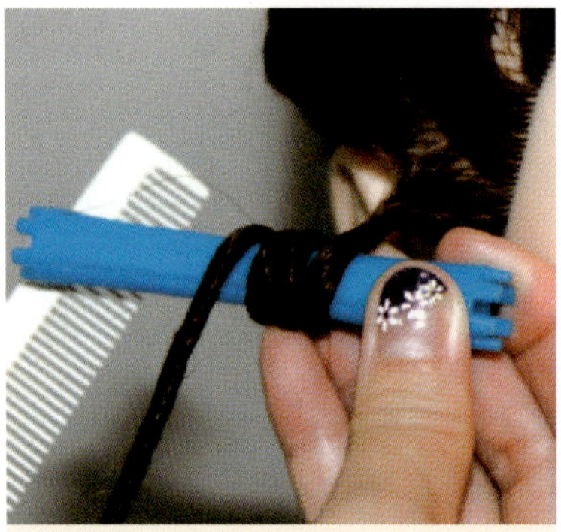
02 모근에서 와인딩 진행

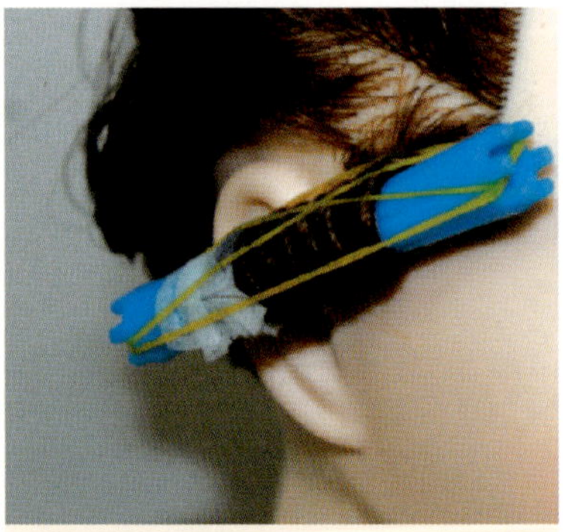
03 와인딩 완성

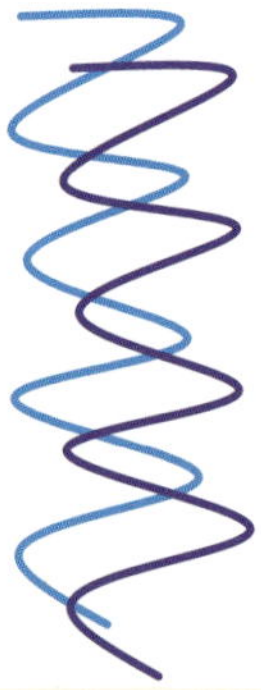
04 컬 모양

QR 모근에서 모선 강하게

5 베이스 잡는 법

베이스와 목적

장방형	정방형	대 형	삼각형
		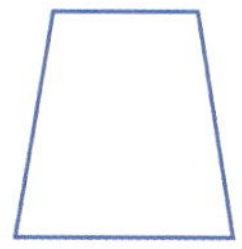	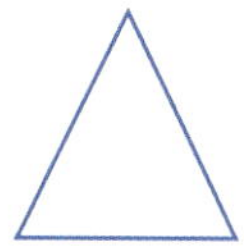
균일한 웨이브를 형성하는 데 좋다. 기본적인 베이스 잡는 방법으로 일반적으로 많이 이용되고 있다.	좁은 장소 작은 부분에 마는 경우, 뿌리 부분에 방향성을 원하는 경우에 좋다. 핀 퍼머, 세가닥 따기 퍼머, 트위스트 등에 좋다.	디자인 등에 의한 불균등으로 웨이브를 형성하는 경우, 모류를 만든다든지 BIG 로드를 마는 경우에는 말기 쉽고 다양화 되어 있다.	디자인 등에 맞춰 따라 모아서 말아 줌에 따라 모선에 강한 방향성을 만들어 줄 수 있다. 세트 기술 등에도 자주 이용되어진다.

6 스트랜드와 각도

베이스와 목적

업 스템		
볼륨 UP하는 경우는 90도 이상으로 와인딩한다. ※ 주로 탑 · 크라운 등 볼륨이 필요한 부분에 이용한다.	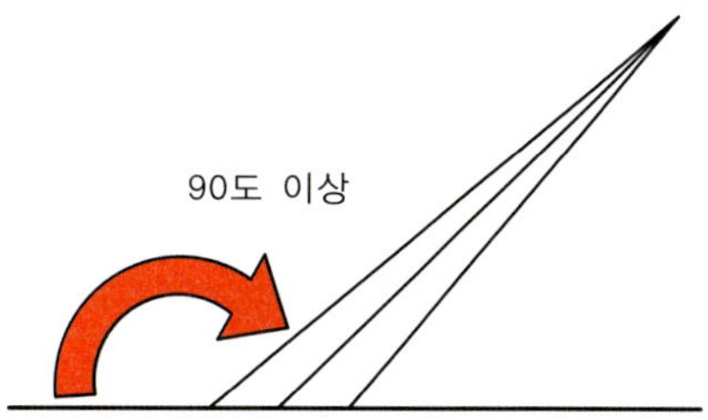	
다운 스템		
볼륨 DOWN하는 경우는 90도 이하로 와인딩한다. ※ 주로 네이프 등 타이트하게 정리하고 싶은 부분에 이용한다.	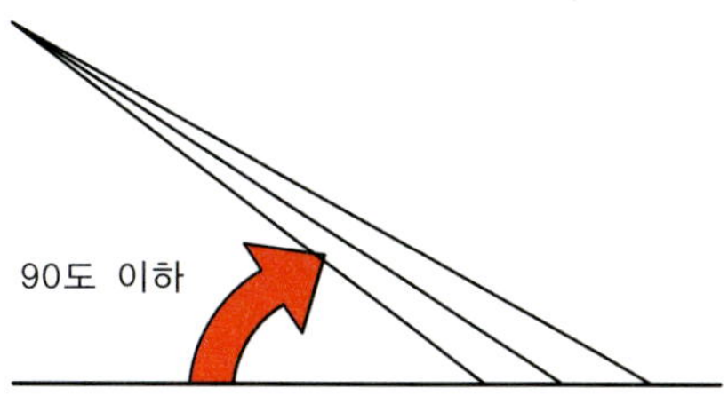	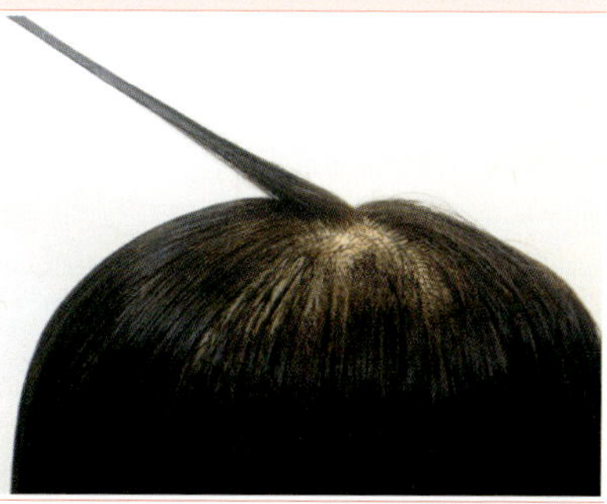

1) 각도

스트랜드와 각도

각도	시술 위치	특징
120도	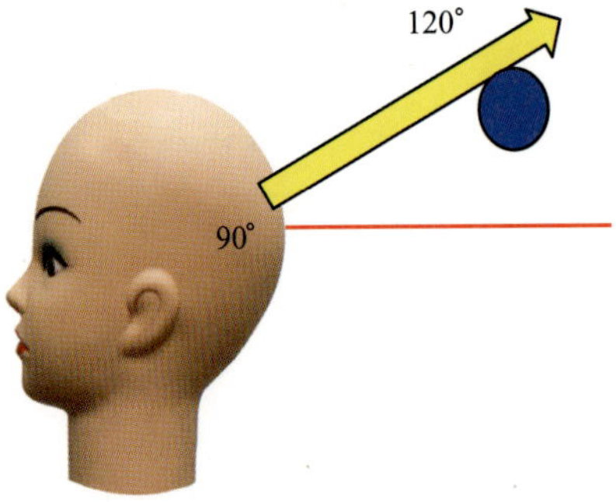	120도 정도의 각도로 말면 스트랜드 전체에 모두 로드가 감기므로 웨이브 볼륨을 가장 많이 얻을 수 있다.
90도	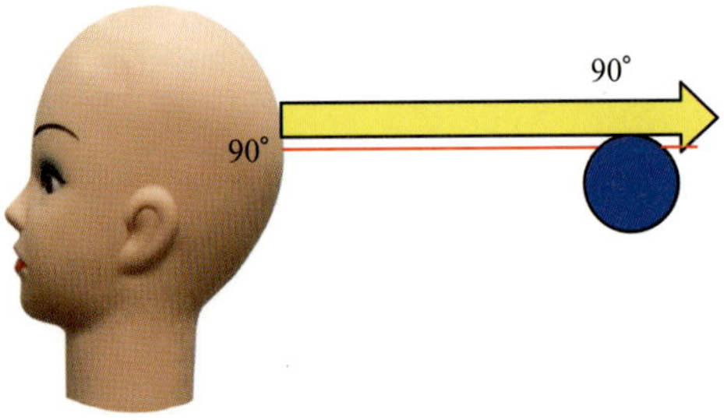	웨이브 볼륨은 120도보다는 떨어진다.
60도	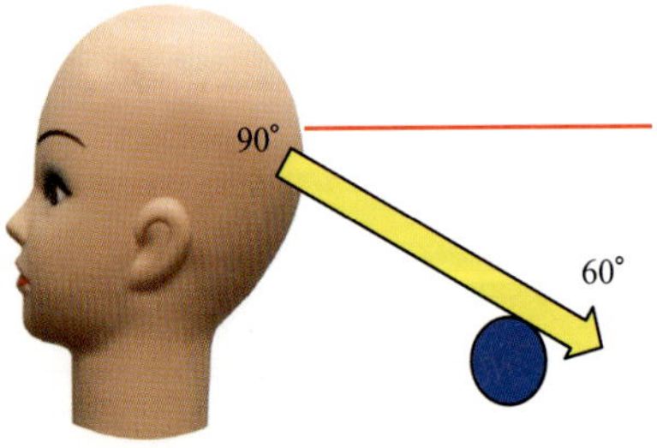	스트랜드의 폭만큼 모근 부분이 늘어나기 때문에 웨이브의 볼륨이 가장 낮게 형성된다.

7 스템의 방향성

스타일에 따른 모발의 흐름을 퍼머넌트 웨이브로 연출하고자 할 때 스템의 각도와 동시에 스템의 방향성이 중요하다.

① 포워드(forward) 와인딩 : 전방(앞)으로 와인딩
② 리버스(reverse) 와인딩 : 후방(뒤)으로 와인딩
③ 라운드(round) 와인딩 : 둥근 곡선의 형태로 와인딩 [예] 원형확장
④ 인덴테이션(indentation) : 거꾸로, 반대방향으로 와인딩, 겉마름 효과

8 스템의 각도와 볼륨의 차이

스템의 각도와 볼륨

업 스템		
볼륨 UP하는 경우는 90도 이상으로 와인딩한다.	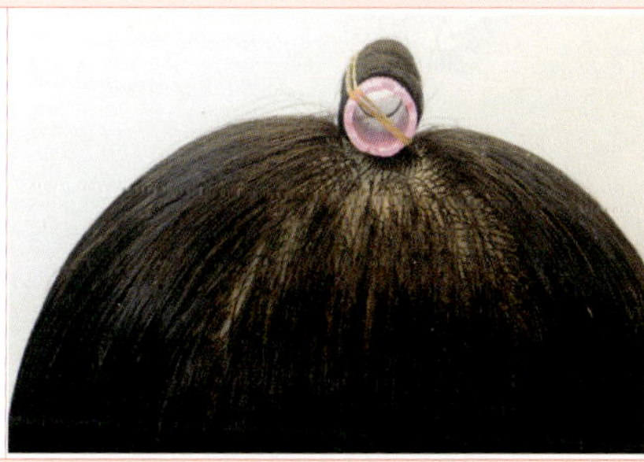	
다운 스템		
볼륨 DOWN하는 경우는 90도 이하로 와인딩한다.	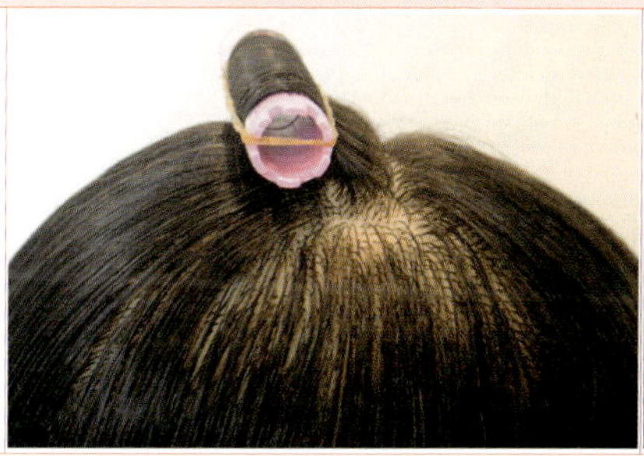	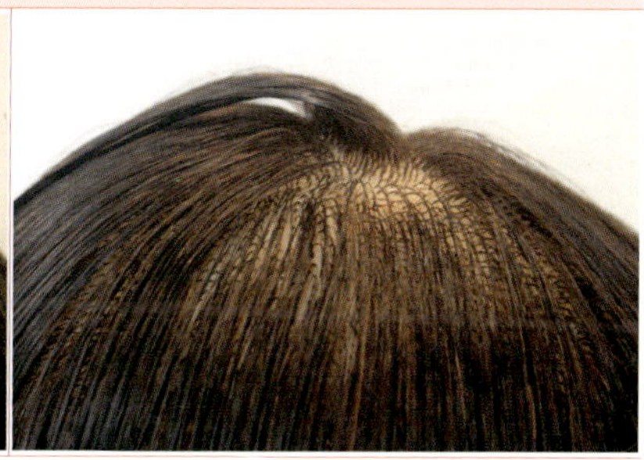

8 CHAPTER
퍼머시술과정

Permanent Wave

퍼머를 하기 전에 모발의 손상을 줄이고 효과적인 약제를 선택하기 위하여 모발의 상태를 체크하는 진단을 실시한다.
모발진단 결과에 따라 퍼머의 종류, 전처리 제품, 퍼머액 등 퍼머 시술 시 사용되는 모든 제품과 과정을 선정한다.

퍼머넌트 시술과정을 단계별로 설명한다.

준비도구

고객용	고객가운, 타월, 퍼머보
펌 시술도구	로드, 퍼머제, 꼬리빗, 핀셋, 고무장갑, 스폰지, 엔드페이퍼, 샴푸, 린스, 고무줄, 비닐캡 등
기구	펌 가온기 또는 히팅캡
그 외	타이머, 이동식 정리대, 모발 보호제품

1 시술 전 단계

1) 모발진단

퍼머를 하기 전에 모발의 손상을 줄이고 효과적인 약제를 선택하기 위하여 모발의 상태를 체크하는 진단을 실시한다. 모발진단 결과에 따라 퍼머의 종류, 전처리 제품, 퍼머액 등 퍼머 시술 시 사용되는 모든 제품과 과정을 선정한다.

(1) 건조한 모발

큐티클 층이 얇고 유분과 수분의 함유량이 적다. 그러므로 모자라는 수분을 보충하기 위하여 정상적인 모발에 비해 흡수성이 높게 나타난다. 또한 수분뿐만 아니라 퍼머액의 흡수도 빠르게 진행되므로 와인딩 할 시 중간 스프레이로 물을 뿌려주어 지나친 퍼머용액의 흡수를 막아주는 것이 좋다.

(2) 지성 모발

유분이 많아 수분을 밀어내는 특징이 있다. 서로 잘 섞이지 않는다.
지성모발인 경우에는 퍼머 전체 과잉 피지를 씻어내기 위한 샴푸를 해주어야 퍼머액의 흡수가 느려지게 되어 퍼머의 효과가 빨리 나타날 수 있다.

(3) 손상 모발

다공성이거나 큐티클 층이 파괴되어 화학 약품의 반응이 고르게 나타나지 않기 때문에 퍼머의 결과가 좋지 않거나 얼룩이 생기기 쉽다. 그러므로 손상 모발에 퍼머를 할 때 2차 손상을 막으려면 전처리를 하여 큐티클 층을 정리해 준 후 퍼머를 하거나 단백질 성분이 포함된 퍼머액을 사용하는 것이 좋다.

(4) 모발조건

- 굵은 모발

  탄력이 있고 건강한 모발이며, 간충물질의 함유량이 많으므로 와인딩할 시 머리카락의 부피를 가볍게(모량을 조금) 하여 말아 주어야 한다.

- 가는 모발

  간충물질의 양이 적고 힘이 없어 쉽게 손상을 입기 쉽다. 굵은 모발과 반대로 와인딩 시 부피를 넉넉히(모량을 많이) 잡아주거나 모발 조형제를 발라 손상을 방지하고 와인딩한다.

(5) 컨디셔너

커트는 퍼머 시술 전·후에 해도 상관 없지만 퍼머 로드에 와인딩하기 쉬운 모발은 틴닝 커트나 테이퍼링 커트 기법으로 자른 모발이다. 컨디셔너는 모표피에 막을 형성하여 펌 약제의 침투를 저해시키므로 알맞은 용량을 사용한다.

2) 전처리 샴푸

시술 전 모발의 헤어스타일링제나 지나친 유분을 깨끗이 제거함으로써 펌제의 흡수를 돕고 형성을 용이하게 하는 단계이다. 주의할 점은 모발 및 두피를 펌으로 인한 자극으로부터 최대한 보호하기 위해 두피 자극이 없고 알칼리가 높지 않는 제품을 사용하고 샴푸 시 두피를 자극하거나 모발을 지나치게 당기지 말아야 한다.

3) 타올 드라잉

샴푸 후 두발에 수분이 남게 되면, 체온이 떨어져 피부가 거칠어진다던지, 탈모증, 피부병의 원인이 될 수 있으므로 건조 타월 등을 이용해 모발의 수분을 털어내는 단계를 거쳐야 한다.

4) 사전처리

사전처리란 펌 웨이브제를 사용하기 전에 모발손상 방지 및 모질을 개선해서 균일한 웨이브를 얻기 위해 행해지는 전반적인 시술처리를 의미한다.

① 발수성 모발 : 트리트먼트 크림과 퍼머 1제를 섞어 바르고 스팀을 10분 정도 가한 후 더운물로 헹구어 내고 1제를 바른 후 와인딩한다.

② 지성모 : 샴푸를 여러 번해서 퍼머 1제를 도포한 후 스팀을 5~6분 정도 가온 후에 더운물로 헹구고 1제를 바른 다음 와인딩한다.

2 시술 단계

① 고객이 미용실에 방문하면 헤어디자이너는 고객과의 상담을 통해 웨이브의 크기, 퍼머넌트의 종류 등을 정한다. 이때 헤어디자이너는 고객의 머릿결 상태 등을 고려하여 로드의 크기, 퍼머제 등을 선택하여야 한다.

② 프레샴푸(전처리 샴푸)

직원은 고객에게 가운을 입히고 고객의 샴푸 여부를 확인하여 프레샴푸를 한다. 이때는 머리를 가볍게 헹군다는 느낌으로 샴푸를 하면 되고 두피를 자극하면 안 된다.

③ 프레샴푸가 끝나면 시술의자에 고객을 앉히고 퍼머보, 수건 등을 어깨에 씌운다.

④ 준비된 퍼머제 1제를 모발을 파팅하면서 전체적으로 도포한다. 이때 모발 손상부위와 신생모 부위, 손상도 정도에 의해 도포위치와 도포량을 고려한다.

1제 도포

〈 방법 〉

(1) 와인딩 전 1액을 도포하는 방법

(2) 모발에 수분을 준 다음 와인딩 후 퍼머 1액을 도포하는 방법(WATER WRAPPING).
이 방법은 1액의 작용시간이 균등해지며 모발의 손상을 줄일 수 있는 방법이다.

(3) 주의점
- 와인딩 시 두피에 1cm 떨어진 부위부터 모발 끝 2.5cm 정도 남긴 부위에 제1제를 바른 후 실시하는 것이 와인딩이 용이할 뿐 아니라 프로세싱 솔루션의 침투가 용이해지기 위한 것이므로 너무 많은 양을 도포하지 말아야 한다.
- 피부나 눈에 약액이 닿지 않도록 한다. 퍼머제가 닿았을 경우엔 즉시 찬물로 씻어내도록 한다.
- 염증이나 알레르기가 있는지 사전에 고객과 상의한다. 특이체질은 퍼머제에 의한 심한 피부 트러블이 있을 수 있어 사용을 피해야 한다.

⑤ 버진헤어일 경우는 모발이 연화가 될 수 있도록 방치 타임을 둔다. 헤어디자이너마다 다르지만 대개 5~10분 정도 방치 타임을 둔다.
- 히팅캡을 사용하기도 한다.
- 손상모일 경우는 방치 타임 없이 준비된 로드로 와인딩 시술을 한다.

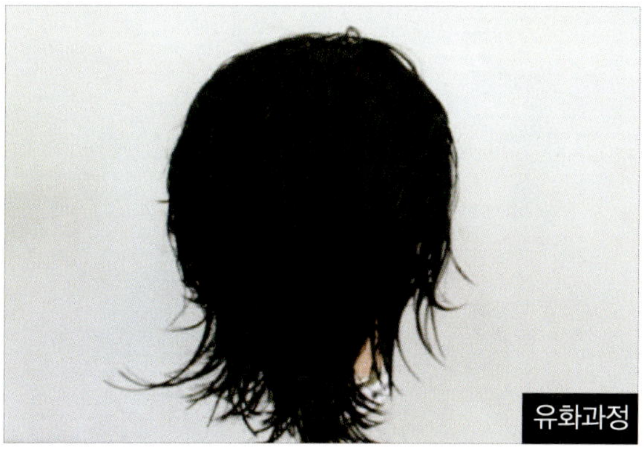
유화과정

⑥ 방치 타임이 끝난 후에 머리카락을 살며시 잡아 당겨서 잘 늘어나면 연화가 충분히 되었으니 준비된 로드로 와인딩을 시작한다.

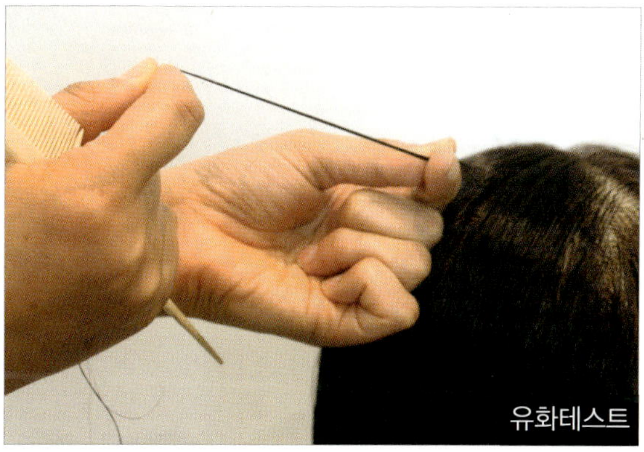
유화테스트

⑦ 와인딩 시술 시 디자인에 따른 파팅을 하고 먼저 와인딩 할 부분부터 섹션을 나누고 그 판넬에 로드로 와인딩을 한다.

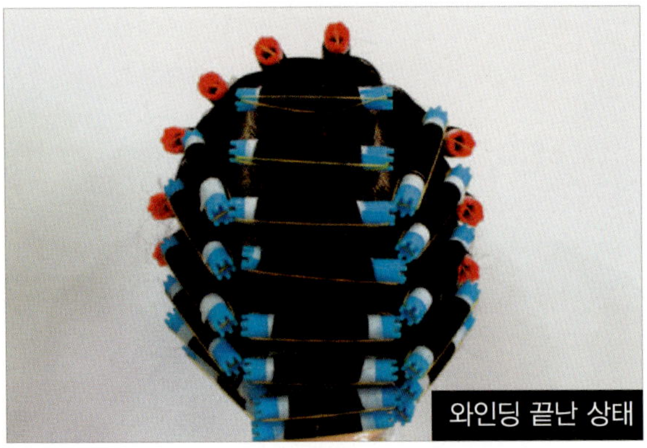

와인딩 끝난 상태

⑧ 전체적으로 와인딩 시술 후에 다시 한 번 퍼머 제1제를 도포한다.
고무줄에 의해 모발이 끊어지는 것을 방지하기 위해 스틱으로 밴딩된 고무줄에 끼워준다.

제1제 재도포

⑨ 스틱작업이 끝나면 비닐캡을 씌우고 다시 그 위에 히팅캡을 씌운다. 이때 모발의 손상정도와 퍼머의 종류에 따라 히팅캡을 사용하지 않을 수 있다.

- 히팅캡을 씌운 방치 타임과 자연방치 타임으로 나눈다. 대개 10~20분 정도이다.

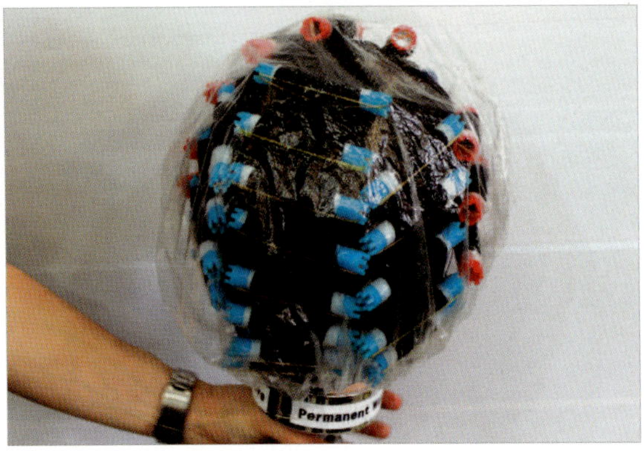

가온과정(방치 타임)

〈 프로세싱 타임을 잘 맞추지 못하게 될 경우 〉

오버 프로세싱 OVER PROCESSING

프로세싱 타임 이상으로 1액을 모발에 방치할 경우, 모발 끝이 손상에 의해 자지러지거나 젖어있을 경우 두발 끝이 꼬불거리고 건조되면 웨이브가 부스러지게 된다.

언더 프로세싱 UNDER PROCESSING

요구하는 방치 시간보다 짧게 프로세싱한 경우 웨이브가 거의 나오지 않거나 전혀 나오지 않게 된다.

⑩ 방치 타임이 끝난 후 웨이브를 테스트한다. 탑 부분, 골덴부분의 로드 몇개를 로드아웃해서 컬의 형태를 확인한다. 이때 컬을 살며시 잡아 당겼다가 놓아도 컬이 형성되어야 한다. 컬이 형성되지 않았으면 다시 로드로 와인딩한 후 가온 또는 자연방치를 하거나 다시 퍼머 제1제를 도포하여 방치 타임을 한다.

웨이브(컬)테스트

⑪ 테스트에 의해 컬이 형성되었으면 헤어디자이너에 따라 다르나 중간세척을 하기도 한다. 중간세척을 하는 이유는 알칼리에 의한 모발 손상을 방지하고 물에 의한 산화제 역할을 한다. 세척을 하지 않고 2액을 도포하게 되면 1액과 2액이 희석되어 산화 작용이 제대로 이루어지지 않을 수 있어 웨이브 고정력이 떨어지고, pH 조절이 되지 않아 모발의 손상을 유발시키므로 유의해야 한다.

⑫ 중간세척이 끝나면 모발을 수건이나 드라이기로 물기를 어느 정도 닦아 낸다.

⑬ 그 다음 퍼머 제2제를 와인딩된 두상에 전체적으로 골고루 1차 도포한다. 그리고 방치 타임을 10분 정도 둔다.

제2제 도포

⑭ 퍼머 제2제의 1차 도포가 끝난 후에 다시 2차 도포를 한다. 다시 10여분 정도 방치 타임을 둔다.

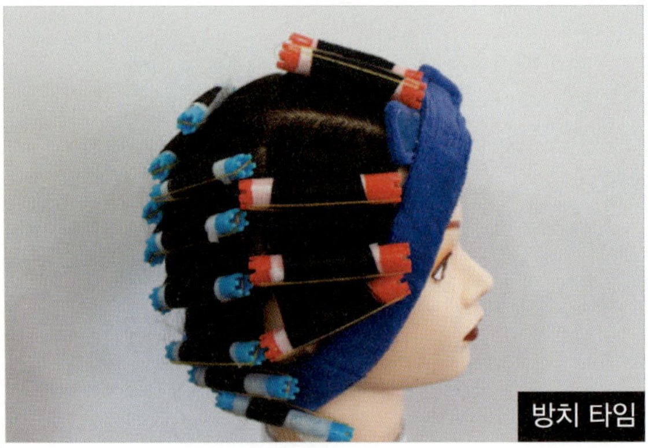
방치 타임

⑮ 방치 타임이 끝나면 로드 아웃을 한다.

로드 아웃

⑯ 샴푸대에서 샴푸를 한다. 이때 샴푸제를 사용하면 안 된다. 왜냐하면 머리가 풀릴 수 있기 때문이다. 컨디셔너 등으로 샴푸를 한다.

샴푸시술

⑰ 머리카락의 컬이 풀리지 않도록 컬을 만들면서 드라이기로 스타일을 낸다.

드라이 후 스타일 마무리

3 퍼머넌트 웨이브 시술 시 주의 사항

① 고객의 모발이나 두피의 상태, 원하는 스타일을 잘 이해하고 스타일을 결정한다.

② 모발 진단을 통해 시술 방법을 결정하고 시술 전 가벼운 플레인 린스(plain rinse)를 한다.

③ 디자인에 따른 로드 선정을 해야 한다.

④ 고객의 옷이나 얼굴에 퍼머제가 묻지 않도록 세심한 주의를 기울인다.

⑤ 스틱을 이용하여 고무밴드에 의한 모발절단이나 자국이 남지 않도록 한다.

⑥ 산화제 도포 시 로드 전체에 고루 도포하도록 한다.

⑦ 퍼머제를 사용할 때는 손의 보호를 위해 고무장갑을 착용한다.

⑧ 고객관리를 위해 시술 후 고객 카드를 작성하여 관리한다.

⑨ 가정에서의 손질 및 관리법을 설명한다.

- 퍼머넌트 웨이브 후 48시간 내에 샴푸하지 않는다.
- 염색 후 퍼머넌트 웨이브는 최소한 1~2주 후에 한다.
- 퍼머넌트 웨이브 후 염색은 1~2주 후에 한다.
- 사우나를 삼가하고 저녁에 시술했을 경우 완전히 건조 후에 취침한다.
- 뜨거운 물로 샴푸하면 웨이브가 쉽게 풀린다.

⑩ 와인딩 시 주의사항

- 각도는 두상과 퍼머기법에 따라 정확하게 잡는다.
- 로드 와인딩 시 흔들거리면 안 된다. 그러나 긴 머리 와인딩 시에는 좌·우 움직이면서 와인딩하여 양 옆 가장자리가 느슨하게 와인딩되지 않도록 한다.

4 웨이브 디자인의 구성 요소

1) 퍼머제의 선택

퍼머제 선택은 모발의 손상도에 따라 선택해야 한다. 시중에서 출시되고 있는 퍼머제 중 알칼리가 함유되어 있는 제품은 거의 모발이 건강하거나 보통인 상태에서 시술되도록 제조되어 있는 경우가 많다. 따라서 모발이 너무 건강할 때나 심하게 손상이 되어 있을 경우에는 컬이 생성되지 않거나 오히려 모발이 더 손상되는 경우가 많다. 그래서 반드시 모발의 손상도에 맞는 전처리 시술이 선행되어야 한다. 강모의 경우에는 본 시술 전에 약액처리를 미리 들어가 모발을 어느 정도는 연화시켜야 하며, 반대로 손상모는 약액이 너무 빨리 침투되어 과반응을 일으키므로 이를 방지하기 위하여 인공 큐티클 등으로 모발을 보호한 후에 시술에 들어가야 한다.

2) 로드의 종류

퍼머넌트 스타일에 맞는 로드를 선정하여 로드아웃 후에 원하는 웨이브가 형성되도록 하여야 한다. 로드의 선택에 있어서도 모발의 상태를 잘 파악하여 신중하게 선택하여야 한다.

3) 와인딩 기술

와인딩 기술에 따라서 같은 스타일을 같은 로드로 와인딩해도 결과가 다르게 나올 수 있다.
적당한 텐션과 스템의 각도 등을 잘 이해하여 와인딩하여야 한다.

4) 베이스 잡는 법

베이스에 따라 퍼머넌트 웨이브의 종류가 달라질 수 있고, 웨이브의 형이 다르게 나올 수 있으므로 베이스에 따라 와인딩 방법을 다르게 하여야 한다.

5 와인딩하기

1) 앞머리 와인딩하기

앞머리 와인딩

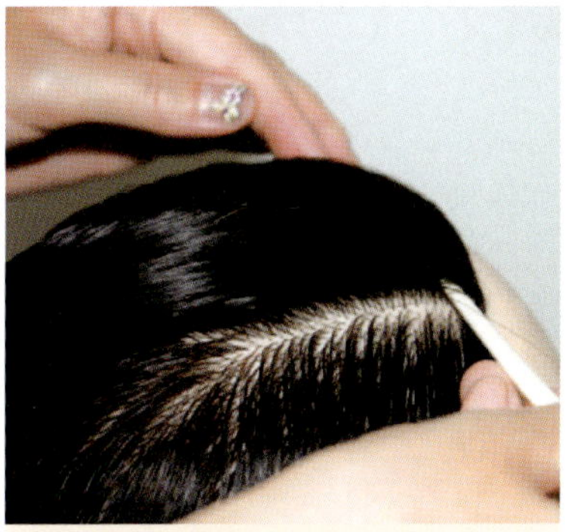
01 판넬(슬라이스)을 나눔

02 뿌리부터 빗질

03 모선을 가지런히 고정

04 페이퍼를 고정

05 로드를 고정

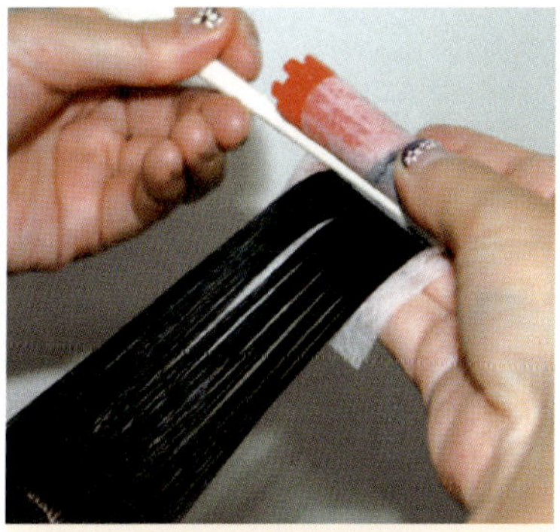
06 모선이 꺾이지 않게 와인딩

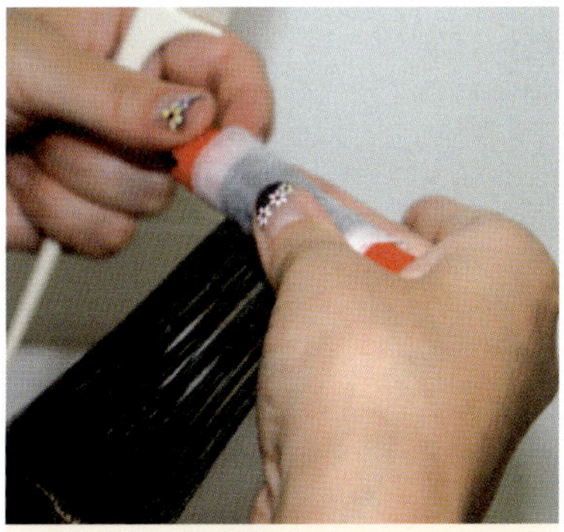
07 텐션을 주면서 와인딩

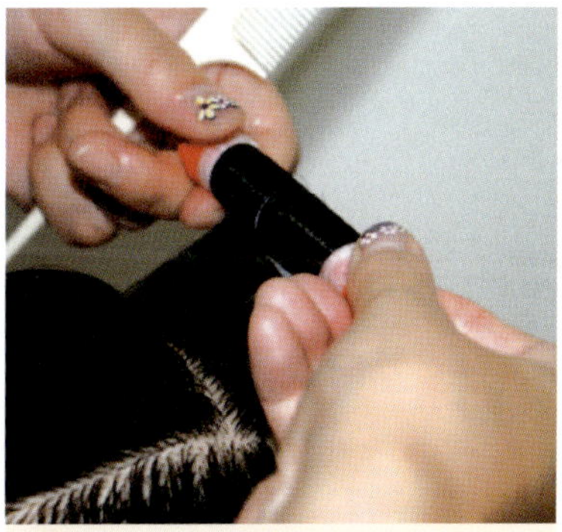
08 양손으로 와인딩

09 뿌리까지 와인딩

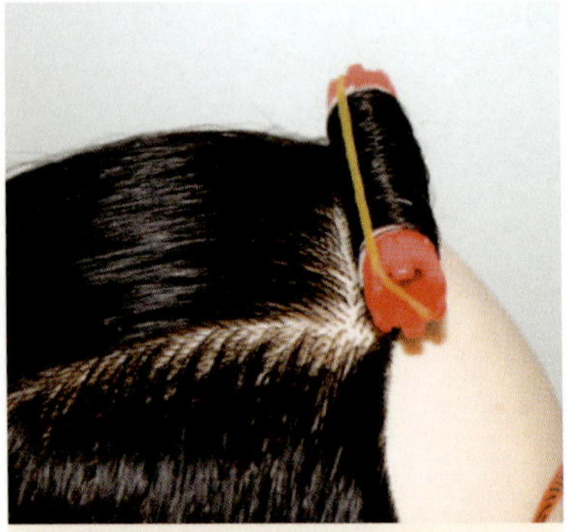

10 와인딩 완성 벤딩처리

QR 앞머리 기본 와인딩

2) 기본 와인딩하기

기본 와인딩

01 판넬(슬라이스)을 나눔

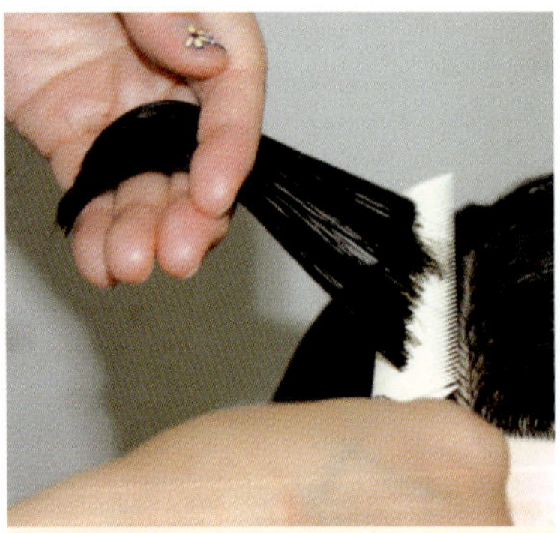

02 뿌리부터 빗질

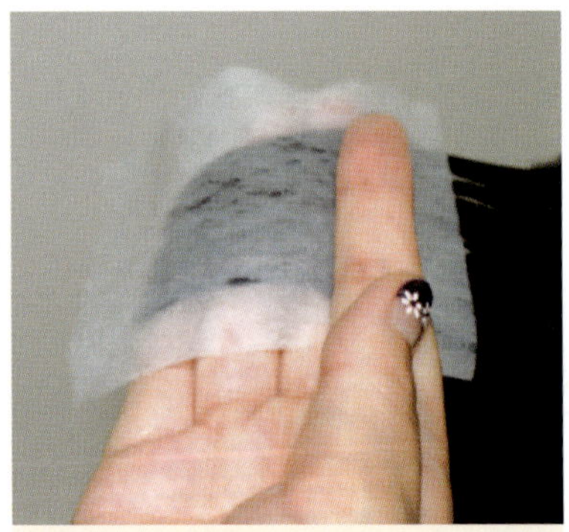

03 페이퍼 고정

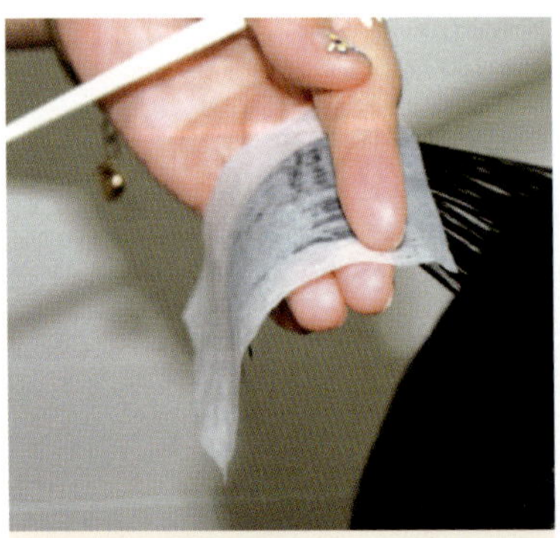

04 페이퍼 모선 정리

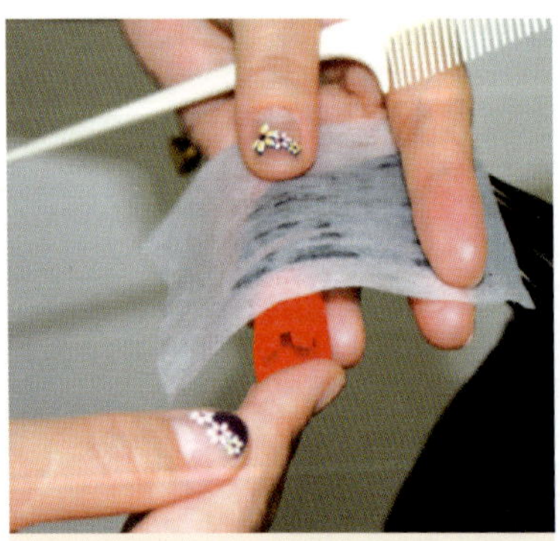

05 로드 고정

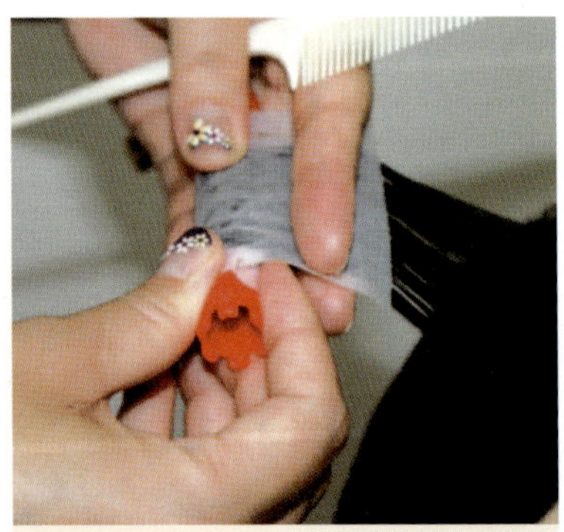

06 모선이 꺾이지 않게 와인딩

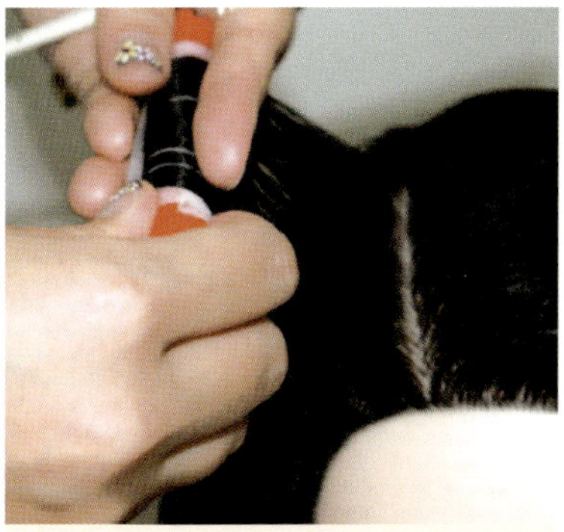
07 와인딩 진행

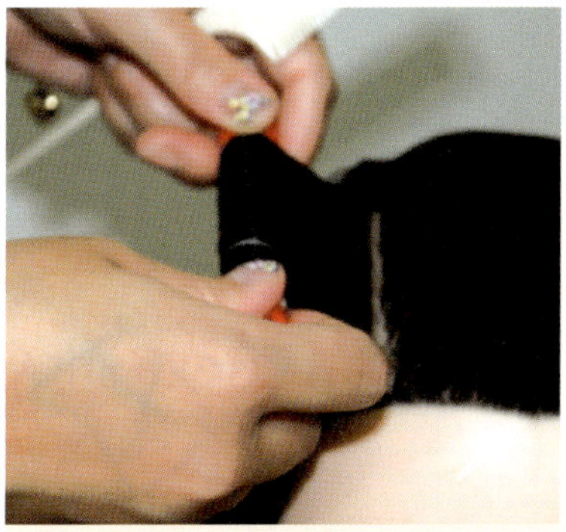
08 텐션주면서 와인딩

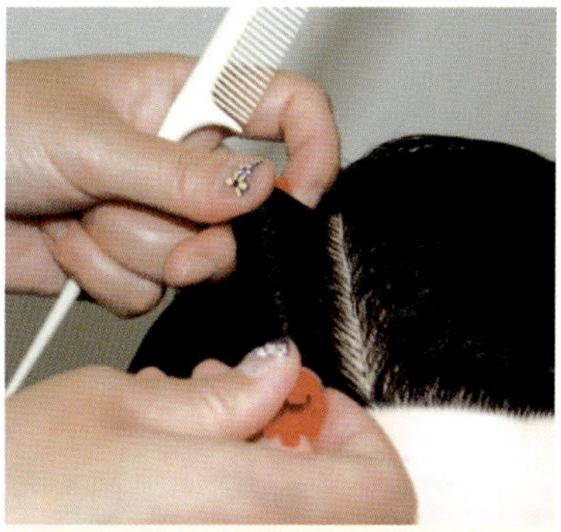
09 뿌리 0.5㎝ 띄우고

10 와인딩 완성 벤딩처리

QR 일반 기본 와인딩

6 퍼머넌트 웨이브 진단

1) 퍼머넌트 웨이브의 실패에 따른 원인과 해결책

퍼머넌트 웨이브 원리는 모발의 진단, 퍼머약제의 관리, 기술이라는 3가지 요소에 영향을 받는다.

(1) 웨이브가 나오지 않았을 경우

① 원인이 모발에 있는 경우

- 저항성 모발이나 발수성모 또는 힘이 없는 가는 모발, 많이 손상된 모발
  약액의 침투가 힘든 모발이거나 너무 손상된 모발로 약액이 그 효력을 발휘하지 못하는 모발이다.

- 직업에 의해 웨이브가 나오지 않는 모발
  기름을 사용하는 직업을 가진 사람들의 모발에는 기름이 스며들어 발수성이 되어 있어 웨이브 형성이 잘 안 된다.
  금속기계 공장에 일하는 사람이나 근처 주민은 모발에 금속이 부착되어 있는 경우가 많아 제1제를 도포하면 제1제가 적자색으로 변성되고 이의 희석작용에 의해 펌을 만드는 작용이 약해져 웨이브가 나오지 않거나 형성이 어렵다.

② 약액에 원인이 있는 경우

- 약제가 공기 중에 산화되었거나 햇빛에 산화되어 변성된 경우이다.
- 고객의 모발이 저항성 모발인데 약액의 종류가 그 모발에 맞지 않고 약했을 때 생기기도 한다. 저항모일 때는 치오계를, 손상모일 때는 시스틴계를 사용한다.

③ 기술에 원인이 있는 경우

- 스타일에 따른 로드의 선정이 중요하다.
  웨이브 자체의 굵기에는 한계가 있으므로 어떤 굵기의 로드를 사용해도 웨이브가 형성되는 것이 아니다. 또한 1액의 양이 부족하게 도포된 경우, 중화가 적절하게 시술되지 않은 경우, 너무 젖은 모발을 와인딩 한 경우, 와인딩에 의한 텐션과 제1제와 제2제의 도포량 반응시간 등에 따라 웨이브 형성은 달라진다.

- 섹션 폭을 고려해야 한다.
  디자인에 따른 로드에 맞게 섹션폭을 나누어야 한다.

2) 퍼머넌트 웨이브 실패 시 해결방법

① 모발 끝이 너무 상한 경우

- 퍼머넌트 웨이브제가 너무 강할 경우, 과도한 염색이 되어 있는 경우, 과도한 텐션을 하거나 오버 프로세싱을 한 경우

→ 이미 손상된 모발은 다시 회복되지 않기 때문에 적당한 커트와 컨디셔너를 해 준다.

② 웨이브가 곧 풀어지는 경우

- 중화가 충분히 되지 않거나 퍼머넌트 후 마무리할 때 무리한 드라이로 텐션이 많이 들어가면 풀어진다.

→ 모발의 상태에 따라 약액을 선택해 다시 시술해 준다.

③ 모발이 끊어지는 경우

- 고무줄을 너무 강하게 고정시키거나 고정시킨 위치가 너무 두피 안쪽일 때, 와인딩 시 텐션을 너무 많이 주고 약액이 모발에 비해 너무 강한 경우 생긴다.

→ 이미 끊어지는 모발은 어쩔 수 없으므로 나머지 모발에 트리트먼트를 시술해 준다.

④ 모발 건조 후 웨이브 형태가 좋지 않은 경우

- 프로세싱 타임이 너무 길거나 스타일링 시 너무 많이 당긴 경우에 발생한다.

→ 오버 프로세싱 타임이 원인일 경우 트리트먼트를 해주고 스타일링 시 당김에 의한 원인이라면 물을 뿌려서 드라이기를 사용하지 않고 촉촉한 상태로 제품을 도포하여 말리거나 손으로 웨이브를 뭉치게 잡고 형태를 만들면서 드라이해서 마무리 한다.

⑤ 모발 끝이 뻗는 경우

- 모발 끝이 다 감기지 않거나 모발 끝이 너무 손상될 때 발생한다.

→ 끝을 정기적으로 커트한다.

⑥ 헤어라인 주위가 빨갛게 붓거나 따끔거릴 경우

- 약액이 잘못 도포되어 장시간 방치되거나 보호용 크림을 바르지 않고 약액이 흘러 내리면 발생한다.

→ 찬물이나 물티슈, 물수건으로 닦아낸다.

⑦ 웨이브가 너무 과도하게 나왔을 경우

- 희망한 웨이브보다 작은 로드를 사용하거나 약액이 강하면 발생한다.

→ 모발상태에 따라 괜찮다면 약액을 사용해서 펌을 풀거나 굵기가 굵은 로드로 다시 와인딩한다.

7 퍼머 후의 처리

① 시술 후 충분히 씻어내어 모발에 약액이 남지 않도록 해야 한다.

퍼머넌트 시술 후 퍼머제 액이 모발에 남아 있으면 모발이 점점 탈색될 가능성이 있으며 계속해서 웨이브가 거칠어진다. 또한 모발 속의 멜라닌 색소는 1액인 환원제에 의해 탈색되므로 펌 후 개개인의 차이점은 있으나, 펌 후 탈색에 의해 모발이 빨갛게 되는 경우도 있다. 1액 또한 모발에 남아 있으면 멜라닌 색소를 탈색시킬 염려가 있으므로 충분히 헹궈내고 산성 린스를 이용해 모발을 등전점으로 맞춰지도록 해야 한다.

② 퍼머넌트 시술 후 모발의 케라틴이 원래 상태로 재결합이 일어나는 시간이 48시간 정도가 소요된다. 이 시간 동안 모발의 구조가 매우 약해져 조그만 자극에도 손상되기 쉽기 때문에 샴푸나 브러싱, 심한 빗질, 드라이, 세팅 등의 자극이 가해지면 모발이 손상되거나 웨이브가 쉽게 풀리기도 한다.

③ 퍼머 모발은 자연 상태의 모발보다 건조하고 손상으로 인한 다공성이 되어 있으므로 트리트먼트를 자주 해주어야 한다.

④ 퍼머와 염색은 동시에 시술하지 않고 며칠 간의 간격을 두고 시술하는 것이 좋다. 퍼머넌트 시술 후 염색을 하게 되면 알칼리 성분인 염색제가 모발에 침투해 웨이브가 늘어지며, 반대로 염색 후 펌을 하게 되면 퍼머제에 의한 멜라닌 색소가 탈색되거나 염색된 색소 분자가 빠지는 등 앞에 염색한 모발색이 변형, 퇴색된다.

부득이하게 시술할 경우 트리트먼트를 도포하고, 탈색과 웨이브가 늘어지는 것을 고려하여 시술한다.

Permanent Wave

9 CHAPTER

기본 와인딩 퍼머넌트 웨이브

Permanent Wave

이 장에서는 미용사(일반) 퍼머넌트 웨이브 실기 시험에 준하는 와인딩 기법을 설명한다. 기본 퍼머란 섹션을 일반적으로 수평섹션에, 로드는 특수 로드가 아닌 일반적인 로드를 사용하여 모선에서 모근 방향으로(크로키롤식) 와인딩하는 것을 말한다.

9-1 9파팅 와인딩

1 9파팅 와인딩이란?

파팅을 9파팅을 하고 난 후 순서에 따라 로드를 이용하여 와인딩한다.
순서는 도해도와 시술순서를 참고하여 시술한다.

2 퍼머넌트 준비물

로드(3호~10호), 꼬리빗, 페이퍼, 고무줄, 위그, 홀더, 분무기

로드 호수, 개수

순서(부분)	로드 호수	로드 개수
1	9호	2
	10호	2
2	9호	2
	10호	2
3	9호	2
	10호	2
4	6호	8
	7호	3
	8호	3
5	6호	2
	7호	3
	8호	3
6	6호	2
	7호	3
	8호	3
7	6호	2
	7호	3
	8호	3
8	6호	2
	7호	3
	8호	3
9	6호	6

3 도해도

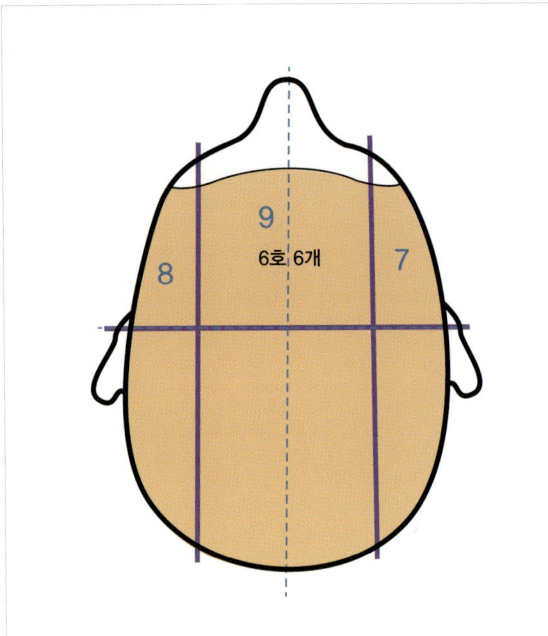

윗 면

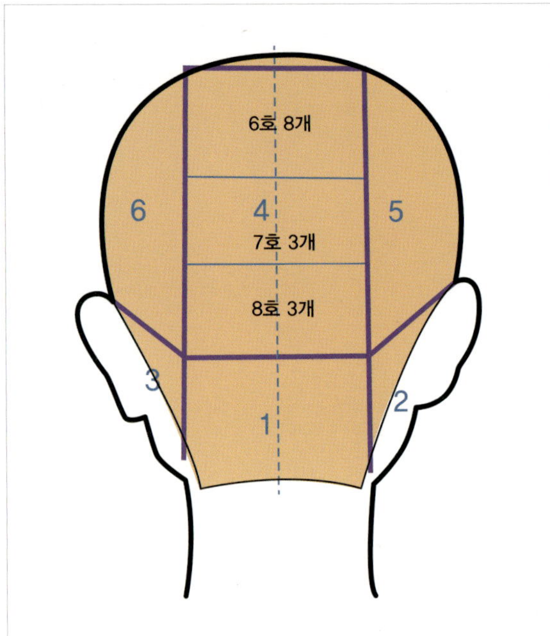

뒷 면

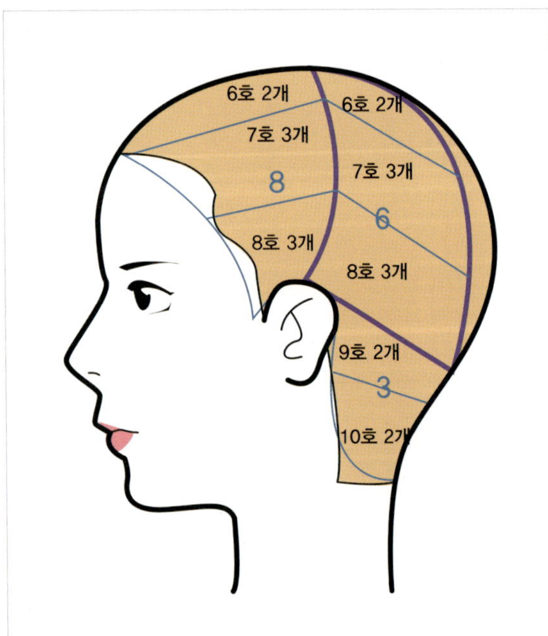

좌 면

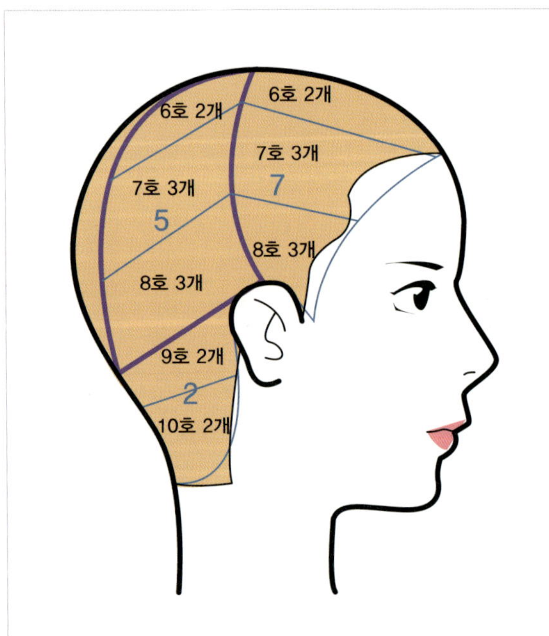

우 면

4 시술 순서

① 파팅을 한다.(센터파팅, 이어투 이어파팅)

- 파팅이 익숙하면 센터파팅, 이어투 이어파팅을 생략해도 된다.

② 부분별 파팅을 한다. 먼저 전두부 중앙부분을 나누어 고무줄로 고정한다.

③ 우측면, 좌측면을 차례로 나누어 고정한다.

④ 후두부 중앙부분을 나누어 고정한다.

⑤ 후두부 우측, 좌측을 나누어 고정한다.

⑥ 네이프 부분 중앙을 나누어 고정한다.

⑦ 네이프 우측, 좌측을 나누어 정한다.

⑧ 네이프 중앙 부분부터 와인딩을 시작한다.
1번에 9호 2개, 10호 2개로 와인딩한다.

⑨ 네이프 우측 2번에 9호 2개, 10호 2개로 와인딩한다.

⑩ 네이프 좌측 3번에 9호 2개, 10호 2개로 와인딩한다.

⑪ 후두부 중앙 부위를 와인딩한다.
4번에 6호 8개, 7호 3개, 8호 3개를 순서에 맞추어 와인딩한다.

⑫ 후두부 우측 부분 와인딩한다.
5번에 6호 2개, 7호 3개, 8호 3개를 순서에 맞추어 와인딩한다.

⑬ 후두부 좌측 부분 와인딩한다.
6번에 6호 2개, 7호 3개, 8호 3개를 순서에 맞추어 와인딩한다.

⑭ 우측 사이드 와인딩한다.
7번에 6호 2개, 7호 3개, 8호 3개를 순서에 맞추어 와인딩한다.

⑮ 좌측 사이드 와인딩한다.
8번에 6호 2개, 7호 3개, 8호 3개를 순서에 맞추어 와인딩한다.

⑯ 전두부 중앙 부분 와인딩한다.
9번에 6호 6개로 와인딩을 마무리한다.

9-2 10파팅 와인딩

1 10파팅 와인딩이란?

파팅을 10파팅을 하고 난 후 순서에 따라 로드를 이용하여 와인딩한다.
순서는 도해도와 시술순서를 참고하여 시술한다.

2 퍼머넌트 준비물

로드(3호~10호), 꼬리빗, 페이퍼, 고무줄, 위그, 홀더, 분무기

로드 호수, 개수

순서(부분)	로드 호수	로드 개수
1	9호	2
	10호	2
2	9호	2
	10호	2
3	9호	2
	10호	2
4	6호	2
	7호	3
	8호	3
5	6호	2
	7호	3
	8호	3
6	6호	2
	7호	3
	8호	3
7	6호	2
	7호	3
	8호	3
8	6호	2
	7호	3
	8호	3
9	6호	6
10	6호	6~7

3 도해도

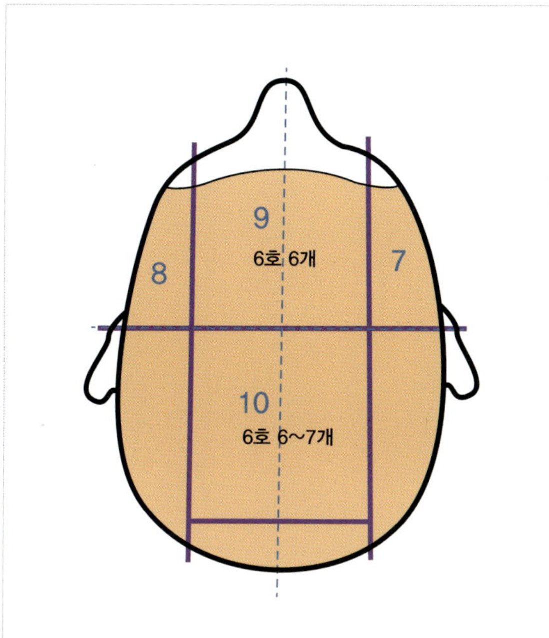

윗 면

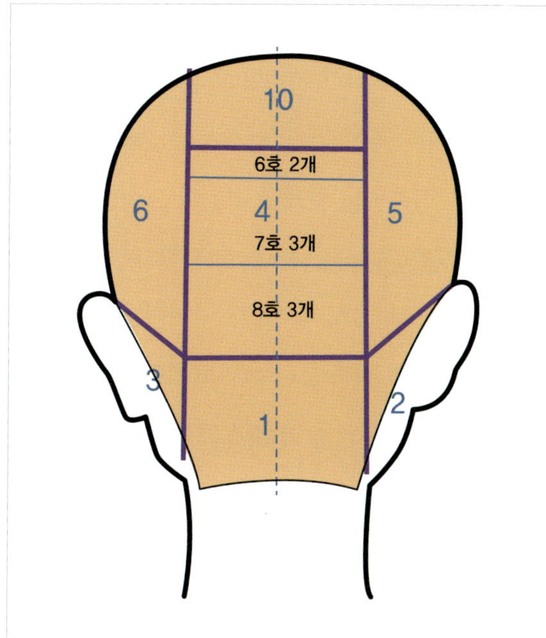

뒷 면

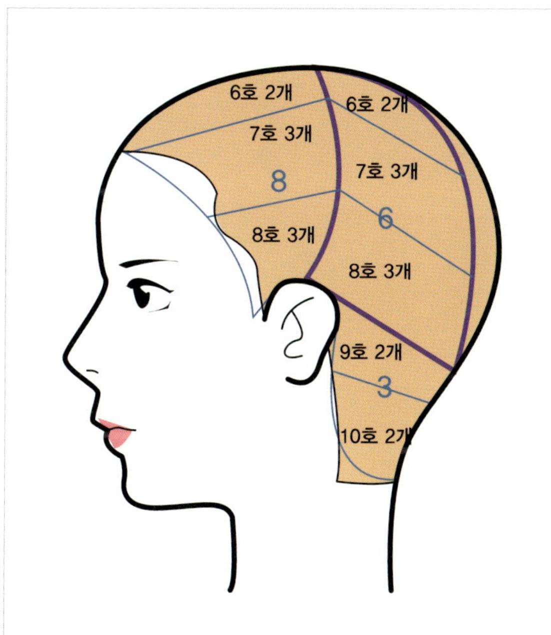

좌 면

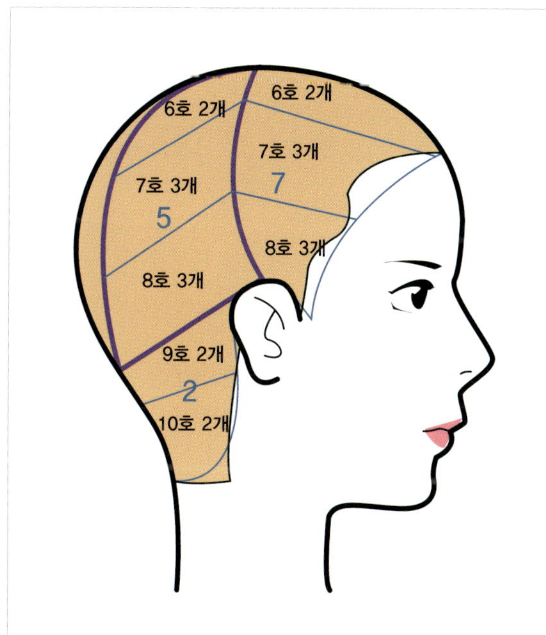

우 면

4 시술 순서

① 파팅을 한다.(센터파팅, 이어투 이어파팅)

- 파팅이 익숙하면 센터파팅, 이어투 이어파팅을 생략해도 된다.

② 부분별 파팅을 한다. 먼저 전두부 중앙부분을 나누어 고무줄로 고정한다.

③ 우측면, 좌측면을 차례로 나누어 고정한다.

④ 후두부 중앙부분을 나누어 고정한다.

- 와인딩순서 10번과 4번을 나누어 고정한다.

⑤ 후두부 우측, 좌측을 나누어 고정한다.

⑥ 네이프 부분 중앙을 나누어 고정한다.

⑦ 네이프 우측, 좌측을 나누어 고정한다.

⑧ 네이프 중앙 부분부터 와인딩을 시작한다.
1번에 9호 2개, 10호 2개로 와인딩한다.

⑨ 네이프 우측 2번 9호 2개, 10호 2개로 와인딩한다.

⑩ 네이프 좌측 3번에 9호 2개, 10호 2개로 와인딩한다.

⑪ 후두부 중앙 부위를 와인딩한다.
4번에 6호 2개, 7호 3개, 8호 3개를 순서에 맞추어 와인딩한다.

⑫ 후두부 우측 부분 와인딩한다.
5번에 6호 2개, 7호 3개, 8호 3개를 순서에 맞추어 와인딩한다.

⑬ 후두부 좌측 부분 와인딩한다.
6번에 6호 2개, 7호 3개, 8호 3개를 순서에 맞추어 와인딩한다.

⑭ 우측 사이드 와인딩한다.
7번에 6호 2개, 7호 3개, 8호 3개를 순서에 맞추어 와인딩한다.

⑮ 좌측 사이드 와인딩한다.
8번에 6호 2개, 7호 3개, 8호 3개를 순서에 맞추어 와인딩한다.

⑯ 전두부 중앙 부분 와인딩한다.
9번에 6호 6개로 와인딩을 마무리한다.

⑰ 10번에 6호를 6~7개로 와인딩하여 마무리한다.

5 시술 사진

01 전두부 파팅

02 우측 파팅

03 좌측 파팅

04 두정부 파팅

05 후두부 중앙 파팅

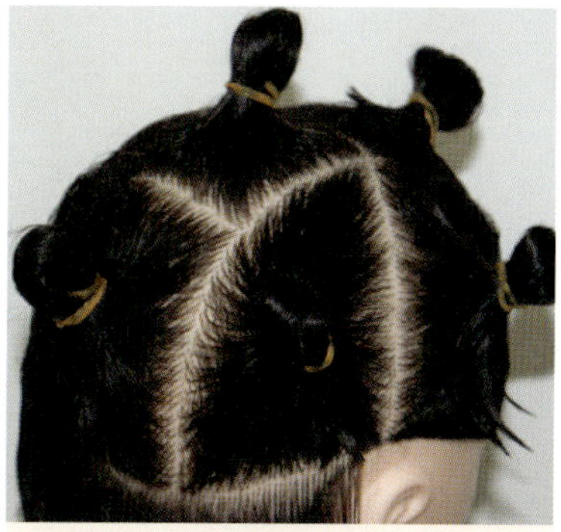
06 후두부 우측 파팅

07 후두부 좌측 파팅

08 네이프 중앙 파팅

09 네이프 우측 파팅

10 네이프 좌측 파팅

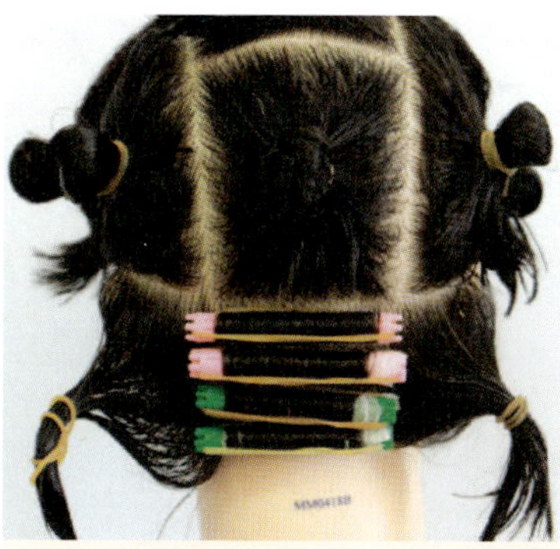
11 네이프 중앙 와인딩

12 네이프 우측 와인딩

13 네이프 좌측 와인딩

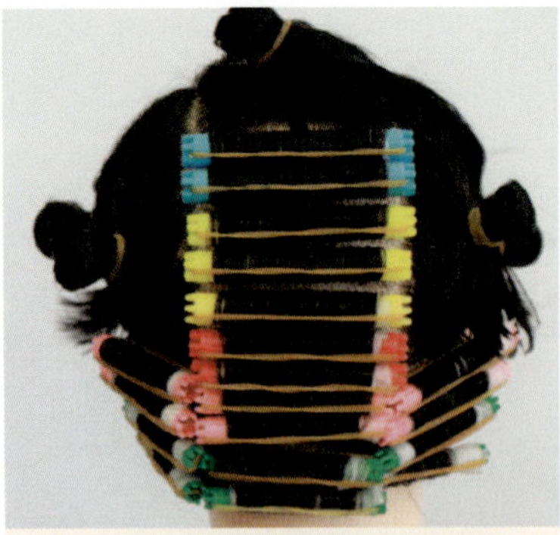
14 후두부 중앙 와인딩

15 후두부 우측 와인딩

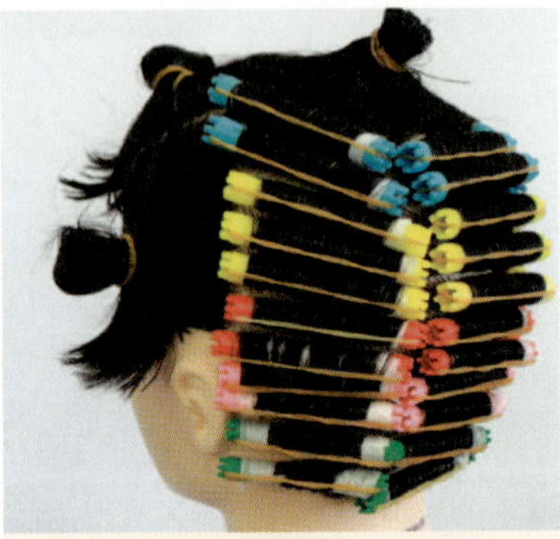
16 후두부 좌측 와인딩

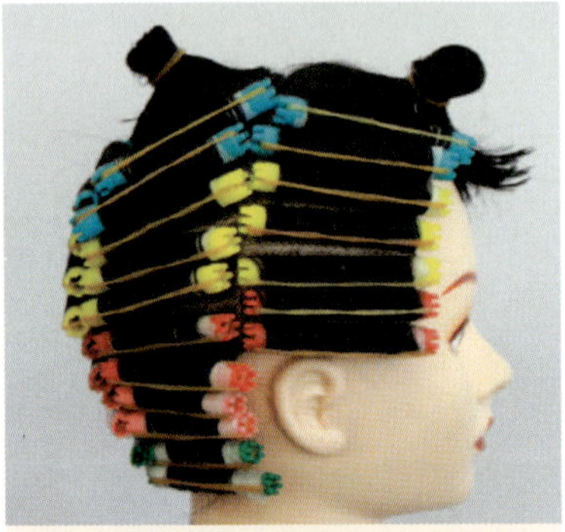
17 우측 사이드 와인딩

18 좌측 사이드 와인딩

19 윗면

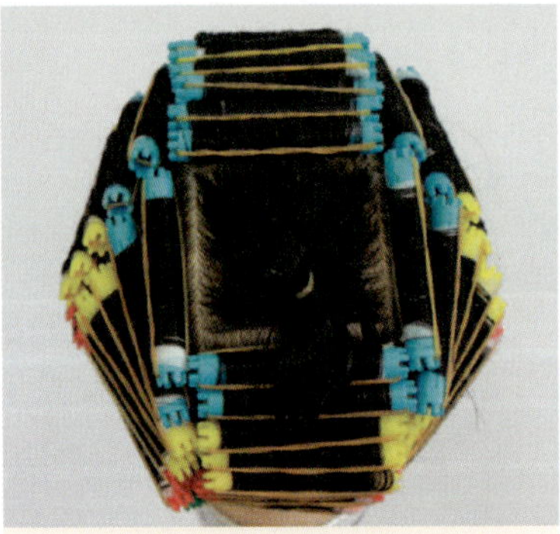
20 전두부 와인딩

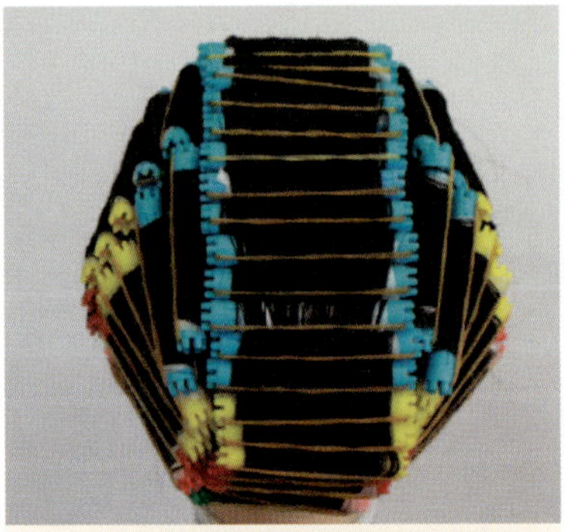
21 두정부 와인딩

22 우측 완성

23 좌측 완성

24 전면 완성

9-3 5파팅 노가르마(앞가르마, 센터파트)

1 5파팅 노가르마 와인딩이란?

파팅을 5파팅하되 가르마가 왼쪽, 오른쪽이 아닌 중앙(센터선)을 기준으로 하고 난 후 순서에 따라 로드를 이용하여 와인딩한다. 순서는 도해도와 시술순서를 참고하여 시술한다.

2 퍼머넌트 준비물

로드(3호~10호), 꼬리빗, 페이퍼, 고무줄, 위그, 홀더, 분무기

로드 호수, 개수

순서(부분)	로드 호수	로드 개수
1	6호	8
	7호	3
	8호	8
	9호	2
	10호	2
2	6호	2
	7호	3
	8호	3
	9호	2
	10호	2
3	6호	2
	7호	3
	8호	3
	9호	2
	10호	2
4	6호	5
	7호	3
	8호	3
5	6호	5
	7호	3
	8호	3

3 도해도

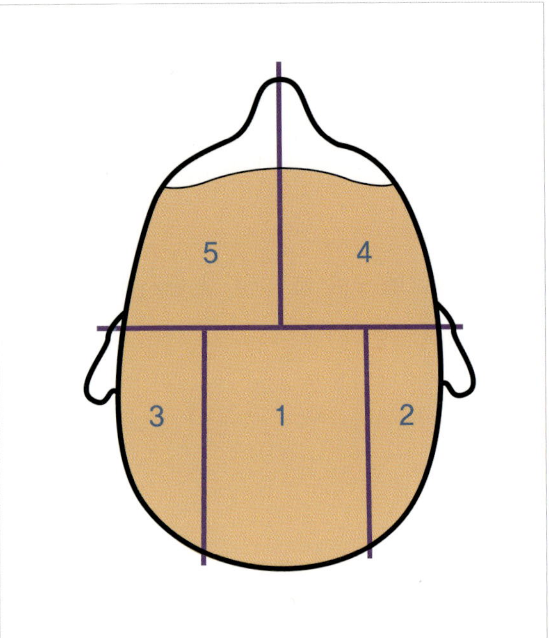

윗면

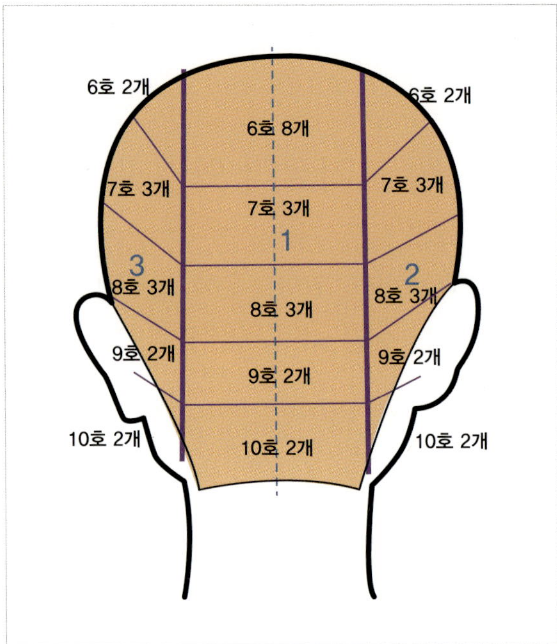

뒷면

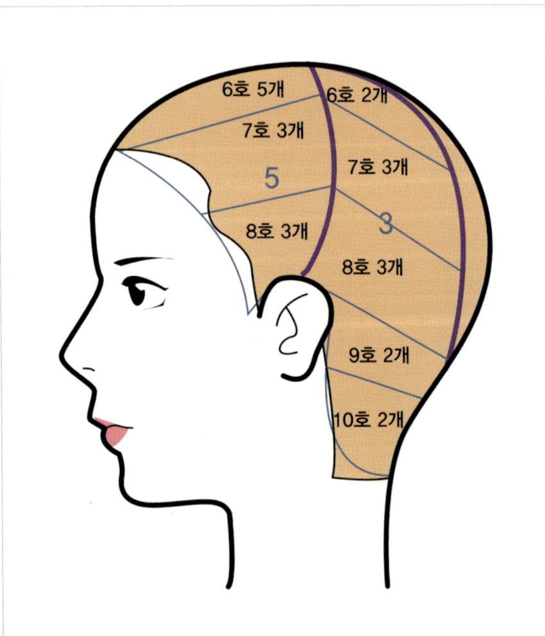

좌면

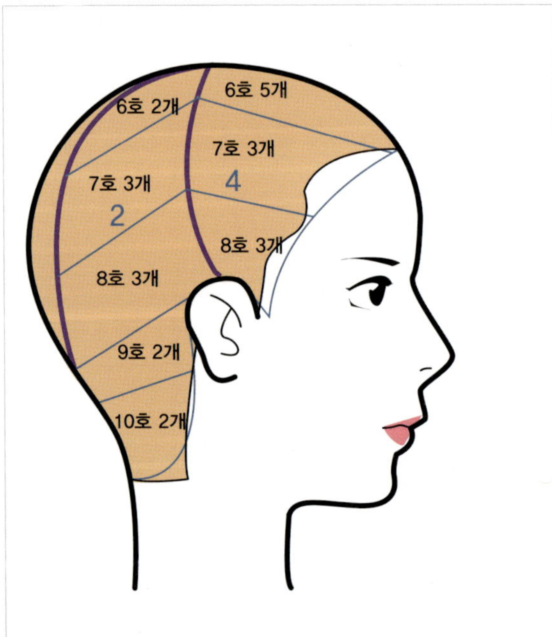

우면

4 시술 순서

① 파팅을 한다.(센터파팅, 이어투 이어파팅)

- 파팅이 익숙하면 센터파팅, 이어투 이어파팅을 생략해도 된다.

② 부분별 파팅을 한다. 먼저 전두부 중앙부분을 나누어 좌측면을 고정한다.

③ 우측면을 고정한다.

④ 후두부 중앙부분을 나누어 고정한다.

⑤ 후두부 우측을 나누어 고정한다.

⑥ 후두부 좌측을 나누어 고정한다.

⑦ 후두부 중앙 부분부터 와인딩을 시작한다.
1번에 6호 8개, 7호 3개, 8호 3개, 9호 2개, 10호 2개로 와인딩한다.

⑧ 후두부 우측 와인딩한다.
2번에 6호 2개, 7호 3개, 8호 3개, 9호 2개, 10호 2개 와인딩한다.

⑨ 후두부 좌측 와인딩한다.
3번에 6호 2개, 7호 3개, 8호 3개, 9호 2개, 10호 2개 와인딩한다.

⑩ 오른쪽 사이드 와인딩한다.
4번에 6호 5개, 7호 3개, 8호 3개를 순서에 낮추어 와인딩한다.

⑪ 왼쪽 사이드 와인딩한다.
5번에 6호 5개, 7호 3개, 8호 3개를 순서에 맞추어 와인딩한다.

5 시술 사진

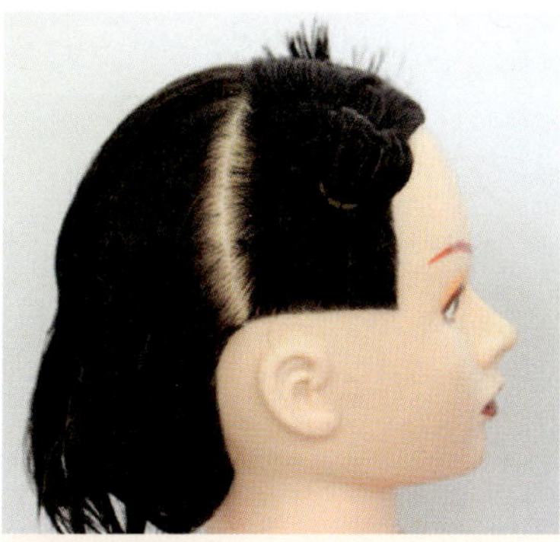

01 우측 파팅

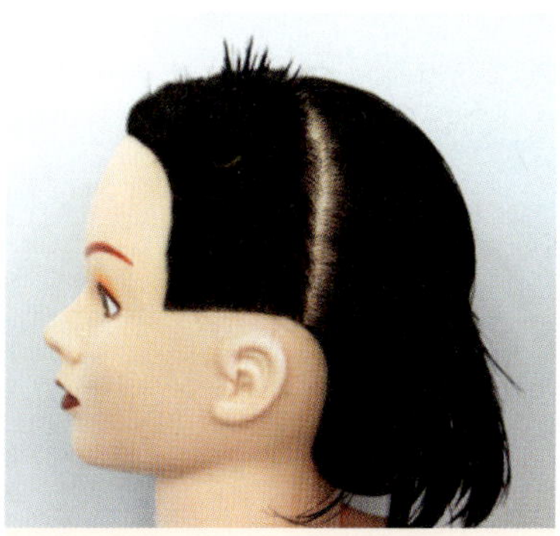

02 좌측 파팅

03 후두부 중앙 파팅

04 후두부 우측 파팅

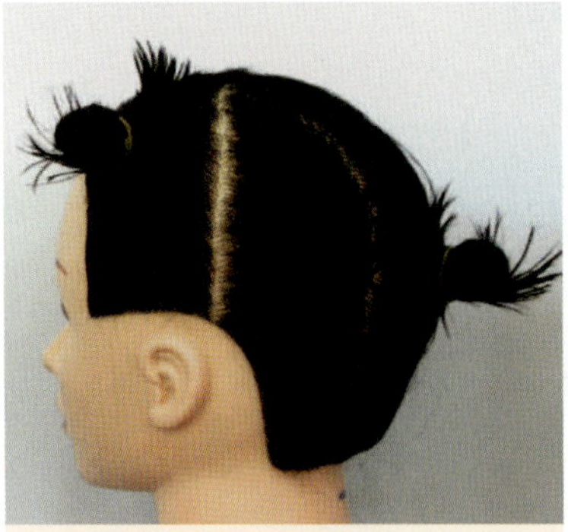
05 후두부 좌측 파팅

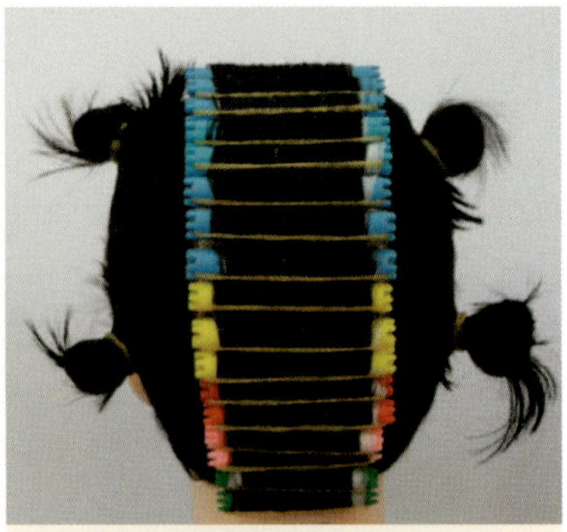
06 후두부 중앙 와인딩

07 후두부 우측 와인딩

08 후두부 좌측 와인딩

09 우측사이드 와인딩

10 좌측 사이드 와인딩

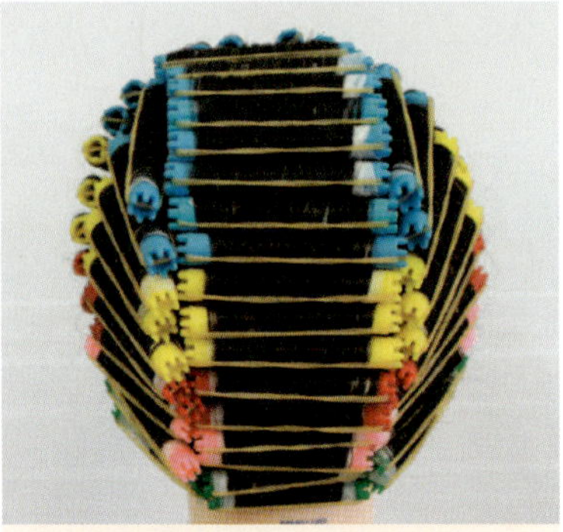
11 뒷면 완성

12 윗면 완성

13 전면 완성

9-4 5파팅 오른쪽 가르마

1 5파팅 오른쪽 가르마 와인딩이란?

파팅을 5파팅하되 가르마가 오른쪽이 되도록 기준을 잡고 난 후 순서에 따라 로드를 이용하여 와인딩한다. 순서는 도해도와 시술순서를 참고하여 시술한다.

2 퍼머넌트 준비물

로드(3호~10호), 꼬리빗, 페이퍼, 고무줄, 위그, 홀더, 분무기

로드 호수, 개수

순서(부분)	로드 호수	로드 개수
1	6호	8
	7호	3
	8호	8
	9호	2
	10호	2
2	6호	2
	7호	3
	8호	3
	9호	2
	10호	2
3	6호	2
	7호	3
	8호	3
	9호	2
	10호	2
4	6호	8
	7호	3
	8호	3
5	6호	2
	7호	3
	8호	3

3 도해도

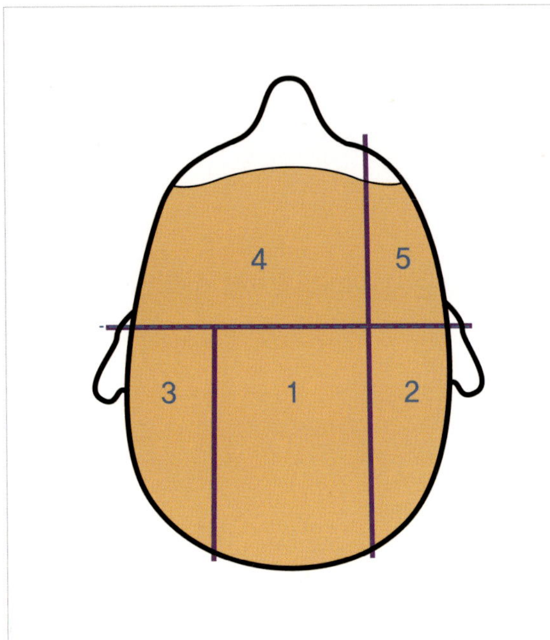

윗면

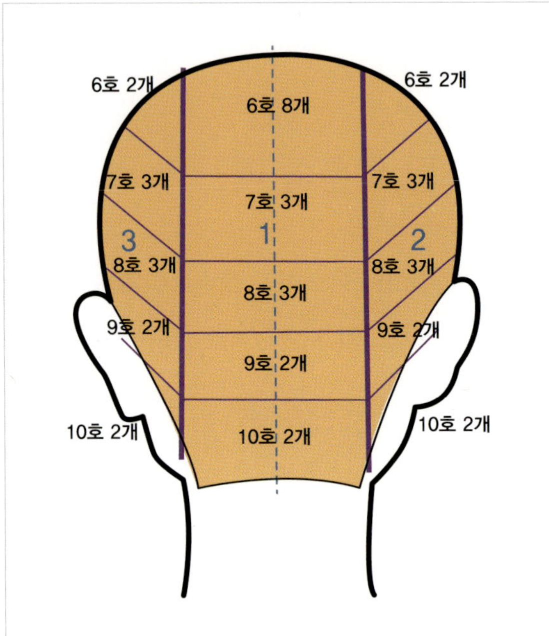

뒷면

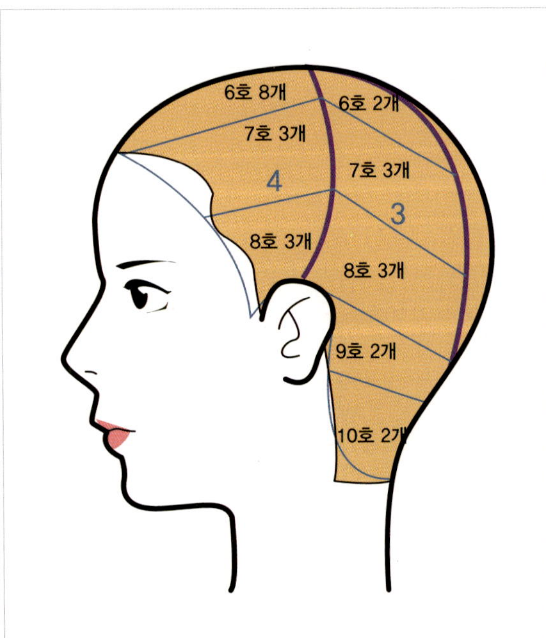

좌면

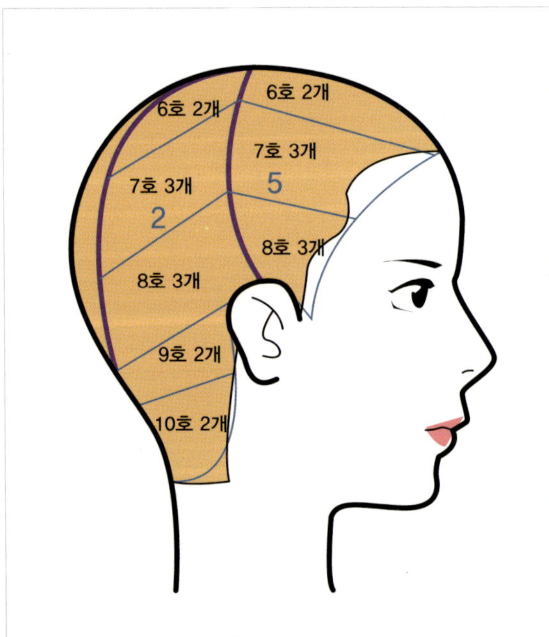

우면

4 시술 순서

① 파팅을 한다.(센터파팅, 이어투 이어파팅)

- 파팅이 익숙하면 센터파팅, 이어투 이어파팅을 생략해도 된다.

② 부분별 파팅을 한다. 먼저 전두부 오른쪽 가르마를 나누어 좌측면을 고정한다.

③ 우측면을 고정한다.

④ 후두부 중앙부분을 나누어 고정한다.

⑤ 후두부 우측을 나누어 고정한다.

⑥ 후두부 좌측을 나누어 고정한다.

⑦ 후두부 중앙 부분부터 와인딩을 시작한다.
1번에 6호 8개, 7호 3개, 8호 3개, 9호 2개, 10호 2개로 와인딩한다.

⑧ 후두부 우측 와인딩한다.
2번에 6호 2개, 7호 3개, 8호 3개, 9호 2개, 10호 2개 와인딩한다.

⑨ 후두부 좌측 와인딩한다.
3번에 6호 2개, 7호 3개, 8호 3개, 9호 2개, 10호 2개 와인딩한다.

⑩ 왼쪽 사이드 와인딩한다.
4번에 6호 8개, 7호 3개, 8호 3개를 순서에 맞추어 와인딩한다.

⑪ 오른쪽 사이드 와인딩한다.
5번에 6호 2개, 7호 3개, 8호 3개를 순서에 맞추어 와인딩한다.

5 시술 사진

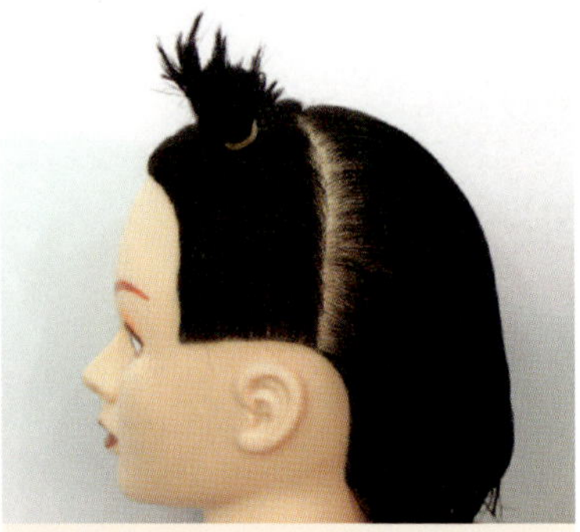
01 좌측 파팅

02 우측 파팅

03 후두부 중앙 파팅

04 후두부 우측 파팅

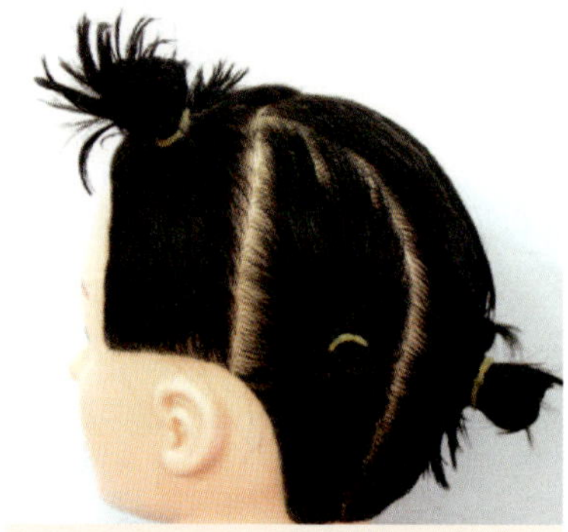
05 후두부 좌측 파팅

06 후두부 중앙 와인딩

07 후두부 우측 와인딩

08 후두부 좌측 와인딩

09 좌측 사이드 와인딩

10 우측 사이드 와인딩

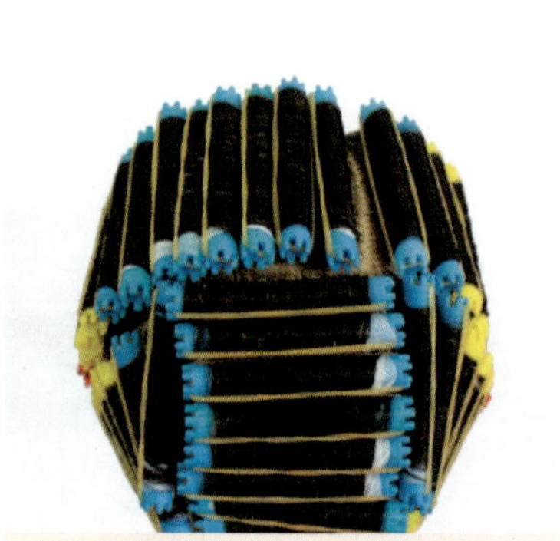
11 뒷면 완성

12 윗면 완성

9-5 5파팅 왼쪽 가르마

1 5파팅 왼쪽 가르마 와인딩이란?

파팅을 5파팅하되 가르마가 왼쪽이 되도록 기준을 잡고 난 후 순서에 따라 로드를 이용하여 와인딩한다. 순서는 도해도와 시술순서를 참고하여 시술한다.

2 퍼머넌트 준비물

로드(3호~10호), 꼬리빗, 페이퍼, 고무줄, 위그, 홀더, 분무기

로드 호수, 개수

순서(부분)	로드 호수	로드 개수
1	6호	8
	7호	3
	8호	8
	9호	2
	10호	2
2	6호	2
	7호	3
	8호	3
	9호	2
	10호	2
3	6호	2
	7호	3
	8호	3
	9호	2
	10호	2
4	6호	8
	7호	3
	8호	3
5	6호	2
	7호	3
	8호	3

3 도해도

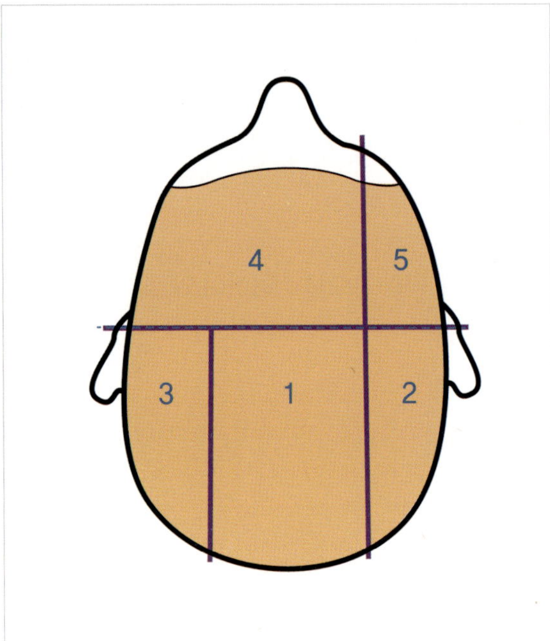

윗 면

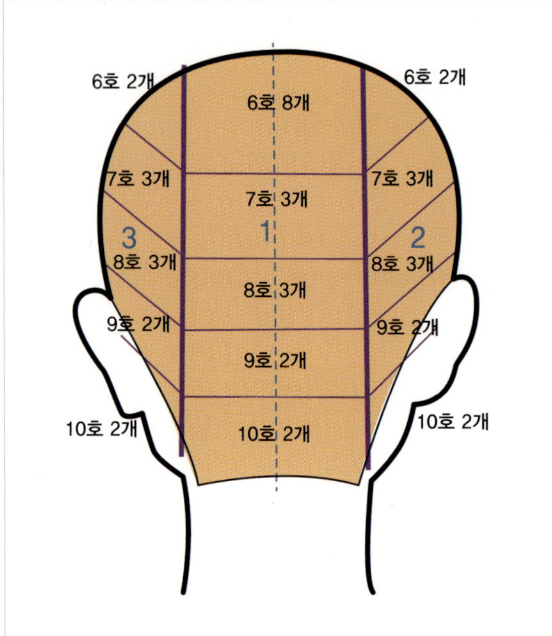

뒷 면

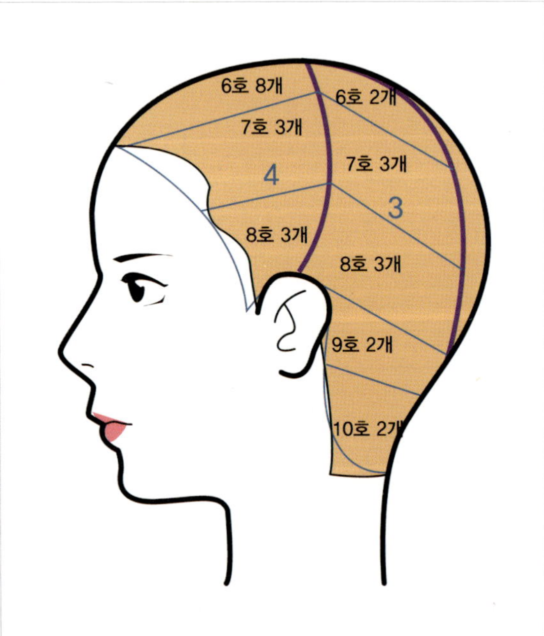

좌 면

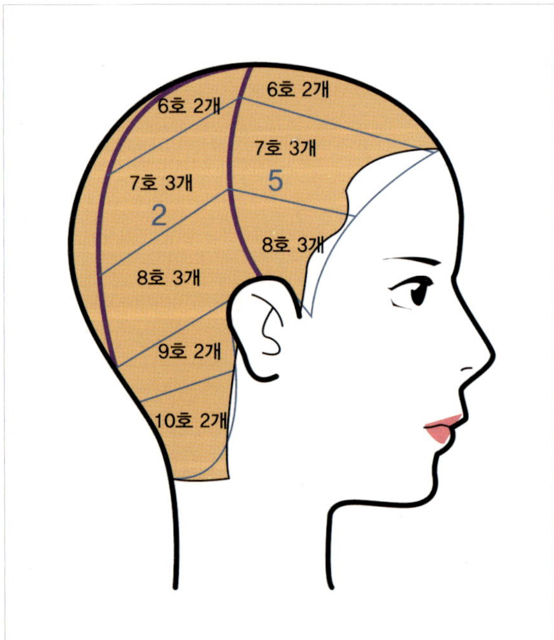

우 면

4 시술 순서

① 파팅을 한다.(센터파팅, 이어투 이어파팅)

• 파팅이 익숙하면 센터파팅, 이어투 이어파팅을 생략해도 된다.

② 부분별 파팅을 한다. 먼저 전두부 왼쪽 가르마를 나누어 우측면을 고정한다.

③ 좌측면을 고정한다.

④ 후두부 중앙 부분을 나누어 고정한다.

⑤ 후두부 우측을 나누어 고정한다.

⑥ 후두부 좌측을 나누어 고정한다.

⑦ 후두부 중앙 부분부터 와인딩을 시작한다.
1번에 6호 8개, 7호 3개, 8호 3개, 9호 2개, 10호 2개로 와인딩한다.

⑧ 후두부 우측 와인딩한다.
2번에 6호 2개, 7호 3개, 8호 3개, 9호 2개, 10호 2개 와인딩한다.

⑨ 후두부 좌측 와인딩한다.
3번에 6호 2개, 7호 3개, 8호 3개, 9호 2개, 10호 2개 와인딩한다.

⑩ 왼쪽 사이드 와인딩한다.
4번에 6호 8개, 7호 3개, 8호 3개를 순서에 맞추어 와인딩한다.

⑪ 오른쪽 사이드 와인딩한다.
5번에 6호 2개, 7호 3개, 8호 3개를 순서에 맞추어 와인딩한다.

5 시술 사진

01 우측 파팅

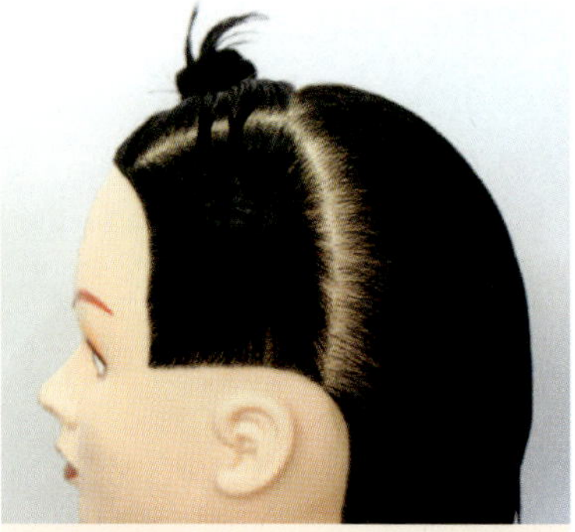
02 좌측 파팅

03 후두부 중앙 파팅

04 후두부 우측 파팅

05 후두부 좌측 파팅

06 후두부 중앙 와인딩

07 후두부 우측 와인딩

08 후두부 좌측 와인딩

09 좌측 사이드 와인딩 완성

10 우측 사이드 와인딩 완성

Permanent Wave

10 CHAPTER
응용 퍼머넌트 웨이브

Permanent Wave

10장에서는 다양한 응용 퍼머넌트 웨이브에 대하여 기술한다.
미용실에서 퍼머넌트 시술 시 적용하여 많이 사용하는 기법들이다.

10-1 기본와인딩 굵은 웨이브 Basic winding

1 와인딩 설명

기본와인딩 기법으로 굵은 웨이브를 원할 시 굵은 로드를 이용하여 퍼머넌트 웨이브를 시술한다.

2 사용 미용 도구

기본로드(굵은 로드), 페이퍼, 고무줄, 꼬리빗, 위그, 마네킹, 홀더, 분무기 등

3 도해도

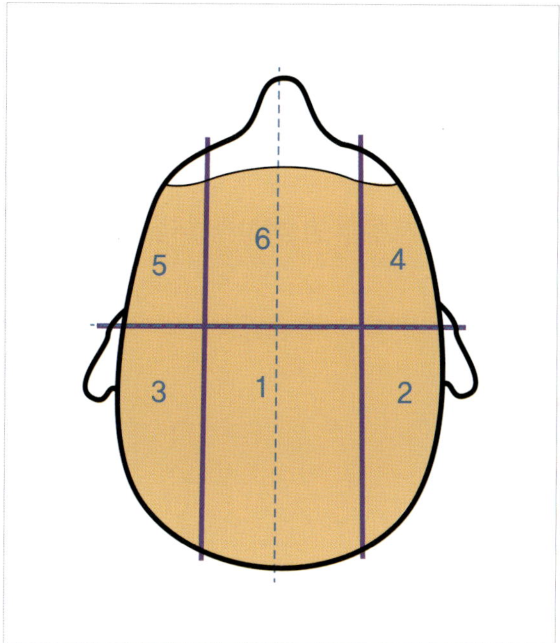

윗면

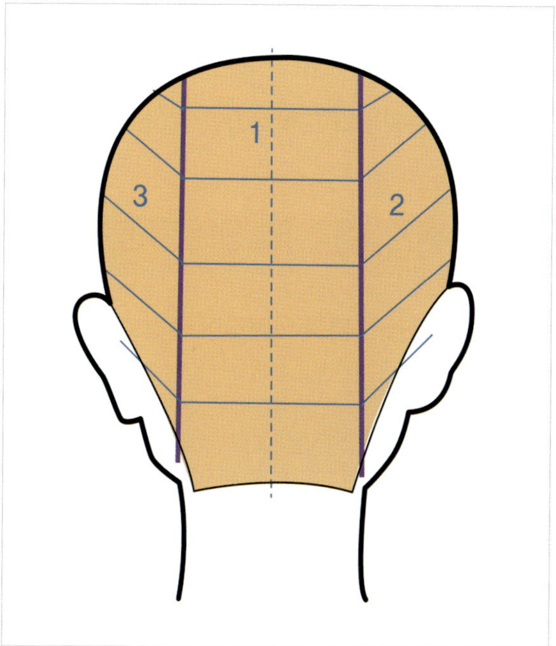

뒷면

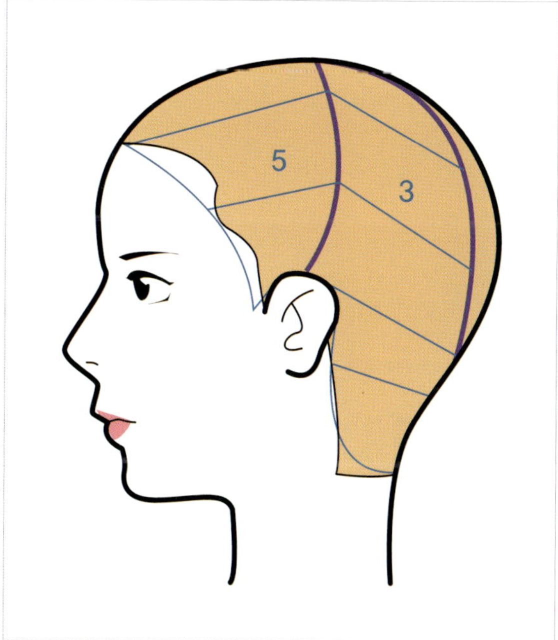

좌면

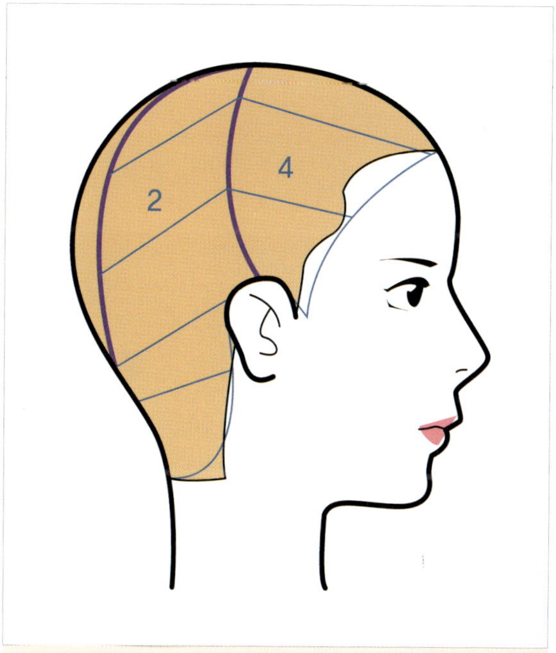

우면

4 시술 순서

① 파팅은 도해도와 같이 6파팅을 한다.

② 후두부 중앙부터 모발길이와 웨이브 형태를 고려하여 로드를 선정하고 섹션폭을 정하여 와인딩을 시작한다.

- 섹션폭이 넓으면 굵은 웨이브가 형성되지만, 모근쪽으로 가면서 컬의 형성력이 떨어질 수 있다.

③ 후두부 중앙 부분의 와인딩이 끝났으면 후두부 우측 부분 와인딩한다. 이때 중앙 부분의 섹션과 연결이 되도록 한다.

④ 후두부 좌측 역시 우측과 동일한 방법으로 와인딩한다.

⑤ 우측 사이드 와인딩한다.

⑥ 좌측 사이드 와인딩한다.

⑦ 전두부 중앙을 와인딩한다.

5 시술 사진

01 6파팅 후 후두부 중앙부터 와인딩

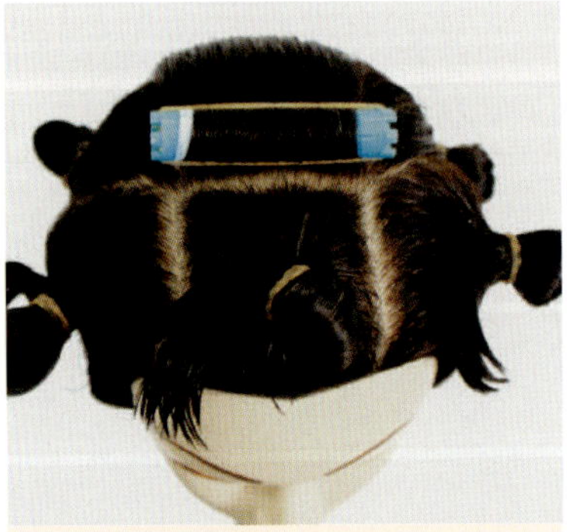

02 위에서 본 형태

03 후두부 중앙 와인딩

04 후두부 우측

05 후두부 우측 와인딩

06 후두부 좌측 와인딩

07 우측 사이드 와인딩

08 좌측 사이드 와인딩

09 전두부 와인딩

10 좌측 완성

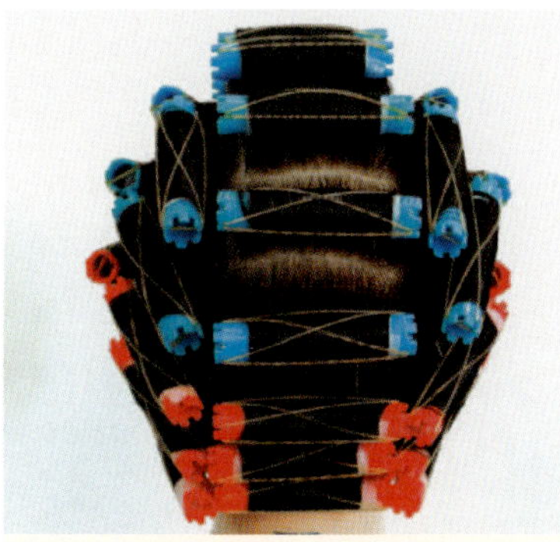
11 뒷면 완성

12 우측 완성

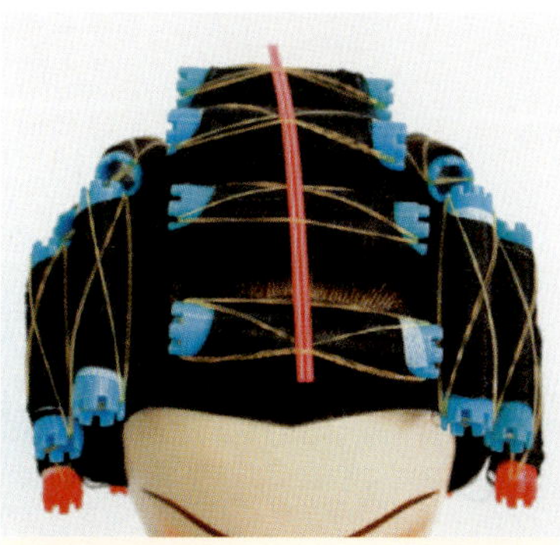
13 전두부 완성

10-2 사선와인딩 Diagonal winding

1 사선와인딩 퍼머넌트 웨이브

크게 파팅을 한 후 사선으로 섹션을 나누어 와인딩을 한다. 머리길이, 웨이브 크기를 고려하여 섹션폭과 로드의 굵기를 선택하여 와인딩한다.

2 사용 미용 도구

기본로드(굵은 로드), 페이퍼, 고무줄, 꼬리빗, 위그, 마네킹, 홀더, 분무기 등

3 도해도

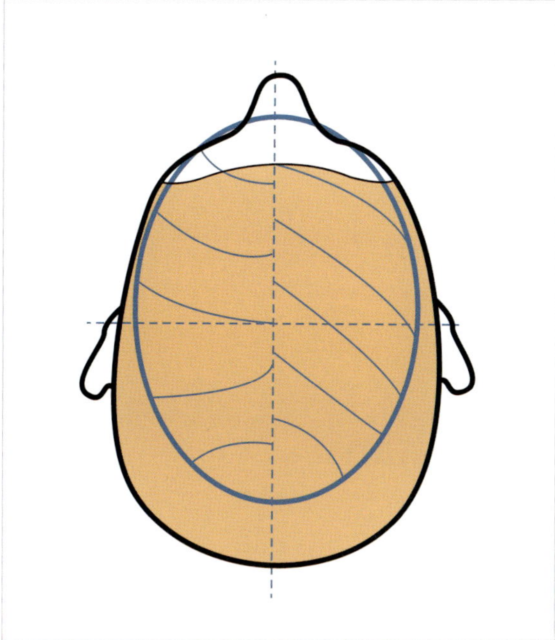

윗면

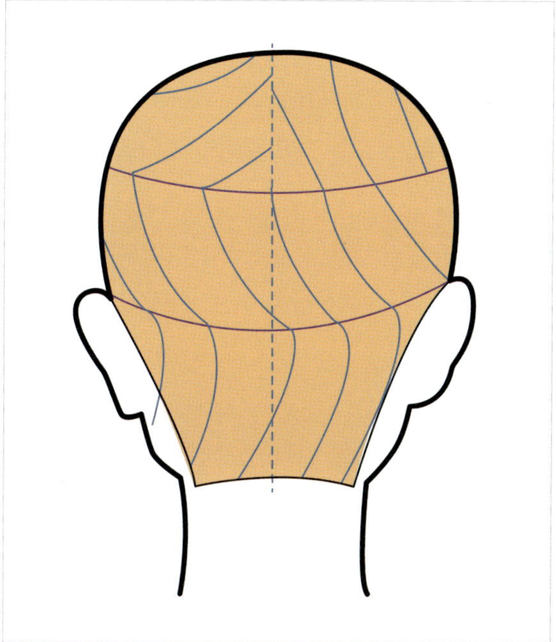

뒷면

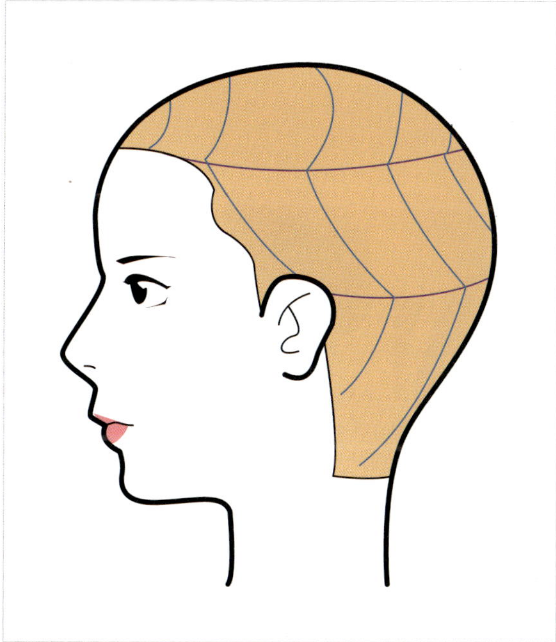

좌면

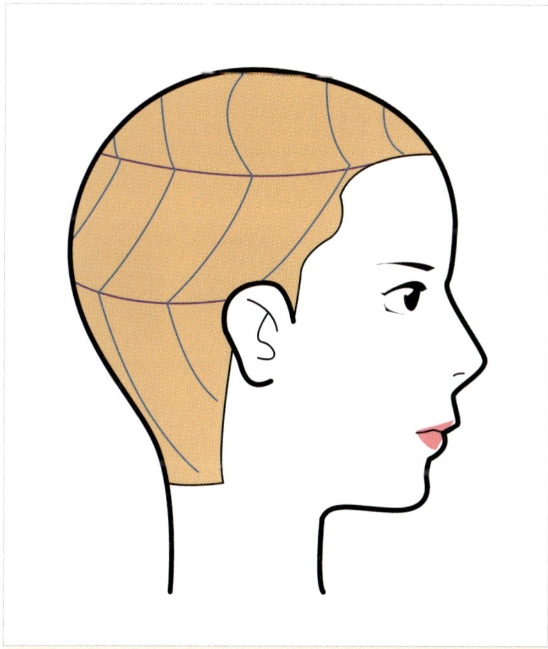

우면

4 시술 순서

① 네이프 부분을 4~5cm 수평으로 파팅한다.

② 좌측부터 섹션을 사선으로 나눈 후 와인딩한다.

- 섹션 폭, 로드는 머리길이와 스타일에 따라 적용한다.

③ 그 다음 미들부분 파팅을 4~5cm 수평으로 파팅한다.

④ 우측에서 사선섹션을 나누는데 지그재그 방향으로 섹션을 나눈다.

⑤ 와인딩을 시작한다.

⑥ 탑 부분 와인딩을 시작하는데 탑부분은 정중선을 나누어 좌우 와인딩한다.
이때 미들파팅 섹션과 지그재그 방향이 되도록 와인딩한다.

QR 세로 와인딩

5 시술 사진

01 파팅

02 전두부 상태

03 네이프 부분 사선섹션 와인딩

04 네이프 부분 와인딩 완성

05 미들부분 파팅

06 오른쪽 와인딩 시작

07 미들부분 와인딩 완성

08 우측 상태

09 전면 상태

10 좌측상태

11 우측 와인딩 완성

12 좌측 와인딩 완성

13 전면 완성

14 뒷면 완성

15 윗면 완성

10-3 벽돌쌓기 와인딩 Bricklay pattern winding

벽돌쌓기 퍼머넌트 웨이브

1 수평벽돌쌓기 와인딩

벽돌쌓기 와인딩을 하되 전두부부터 벽돌쌓기 형태로 네이프 부분까지 와인딩을 진행한다.
머리 숱이 적거나, 섹션이나 파팅의 경계를 보정할 때 벽돌쌓기 와인딩한다.

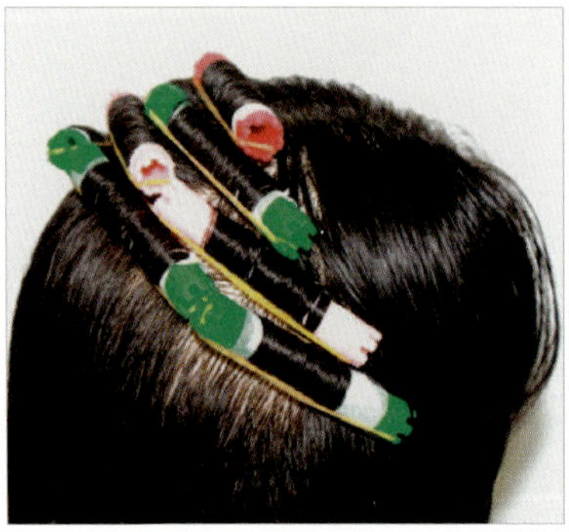

2 사용 미용 도구

기본로드(굵은 로드), 페이퍼, 고무줄, 꼬리빗, 위그, 마네킹, 홀더, 분무기 등

3 도해도

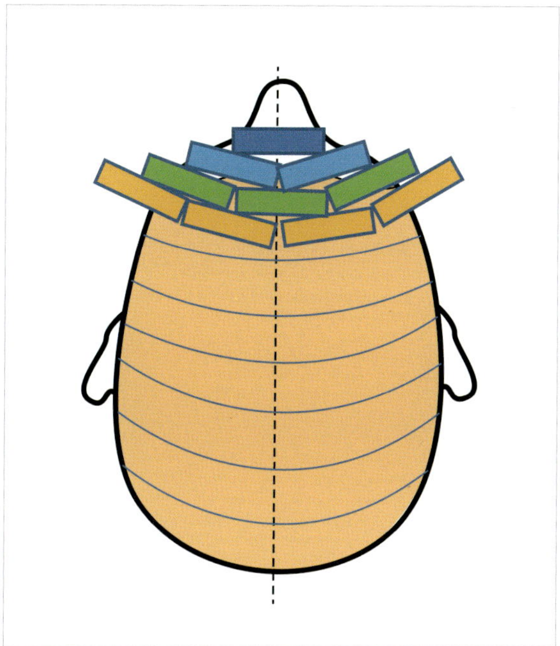

윗 면

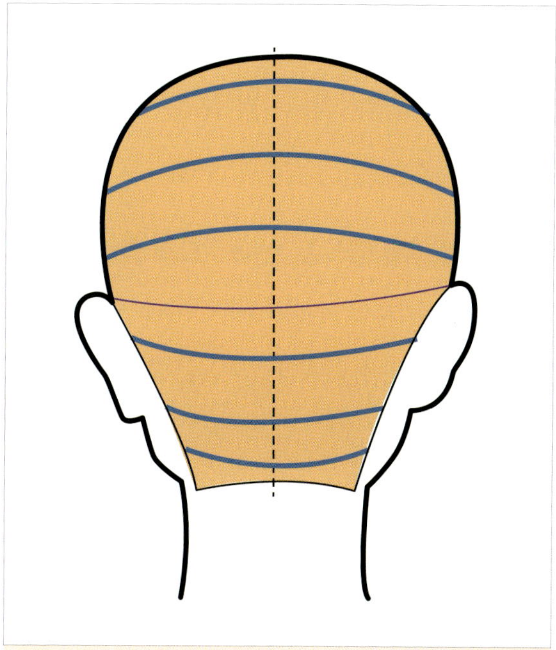

뒷 면

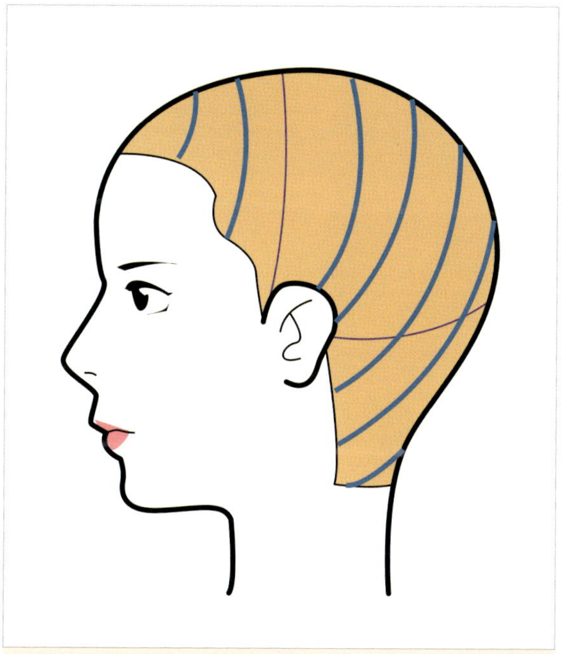

좌 면

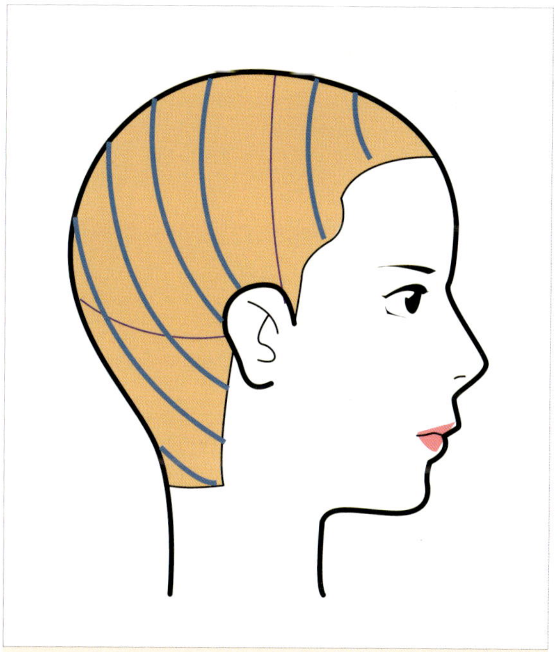

우 면

4 시술 순서

① 정중선(센터파팅)을 나눈다.

② 로드를 선정하여 센터포인트(c.p)에서 중심을 잡고 와인딩을 한다.

③ 벽돌쌓기 스타일이 되도록 2번째 섹션부터는 처음 로드 중간에서 각각 와인딩한다.

④ 세 번째 섹션 역시 두 번째 로드의 중앙에서 시작하여 양 사이드 쪽으로 연결하여 와인딩한다.

- 와인딩하면서 두상이 입체적인 구형이라는 것을 염두에 두면서 와인딩한다.

⑤ 네이프 부분까지 와인딩을 계속 진행하여 와인딩한다.

QR 수평벽돌쌓기 1

QR 수평벽돌쌓기 2

5 시술 사진

01 정중선을 나눔

02 C.P에서 와인딩

03 벽돌쌓기 와인딩

04 계속 진행

05 옆 모습

06 옆 모습

07 앞모습

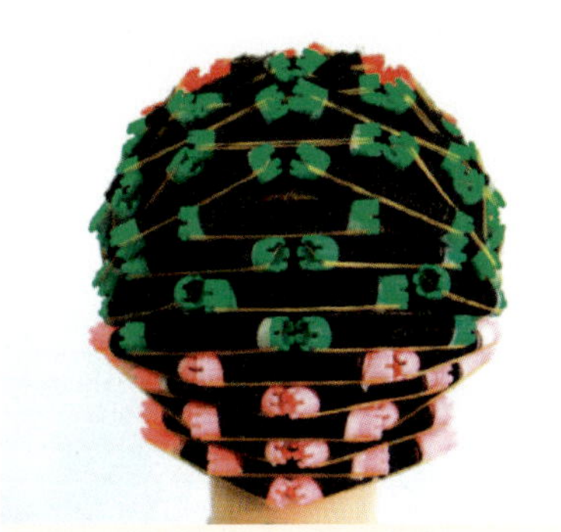
08 뒤 완성

09 우면 완성

10 앞 완성

11 좌면 완성

12 위 완성

머쉬룸 벽돌쌓기 퍼머넌트 웨이브

1 머쉬룸 벽돌쌓기 와인딩

벽돌쌓기 와인딩을 하되 정중선(센터파팅)을 한 후 G.P(골덴포인트)에서 벽돌쌓기 형태로 사이드 햄라인까지 와인딩을 진행한다.

2 사용 미용 도구

기본로드(굵은 로드), 페이퍼, 고무줄, 꼬리빗, 위그, 마네킹, 홀더, 분무기 등

3 도해도

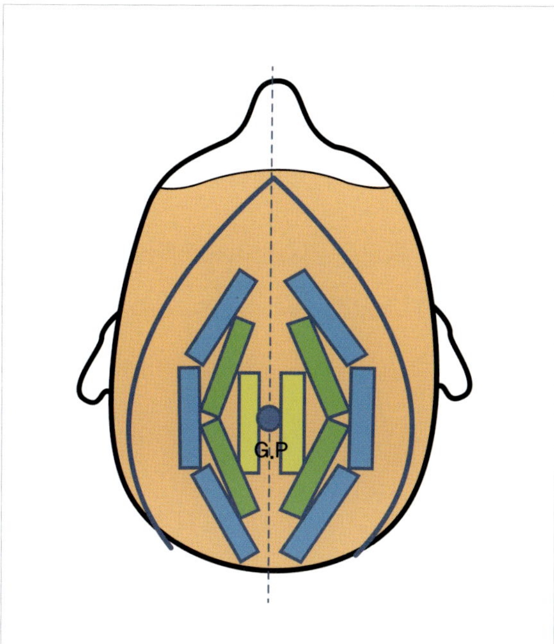

윗 면

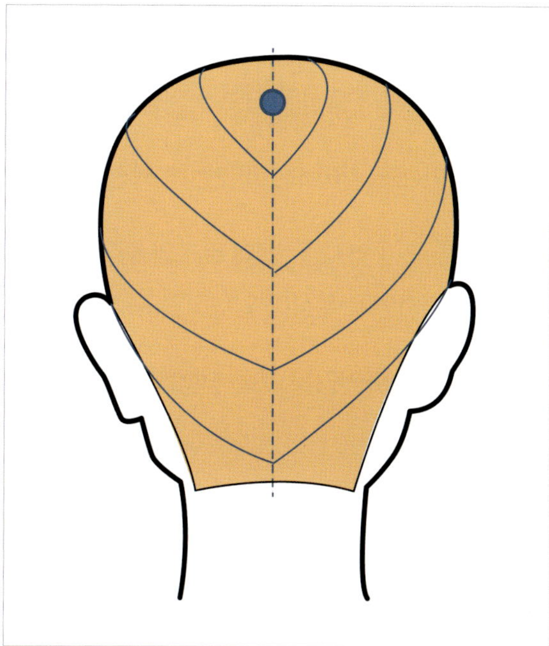

뒷 면

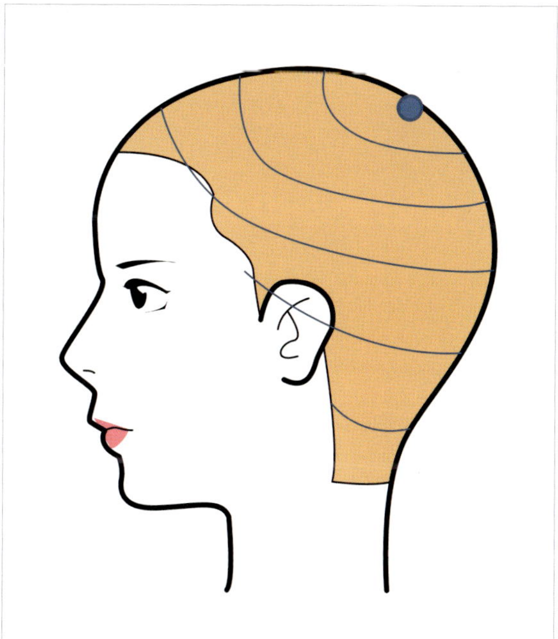

좌 면

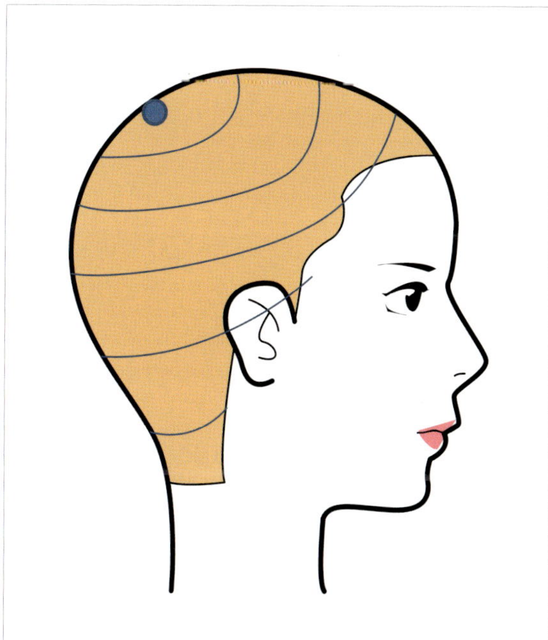

우 면

4 시술 순서

① 정중선(센터파팅)을 한다.

② G.P포인트에서 중심을 잡고 와인딩을 한다.

③ 벽돌쌓기 스타일이 되도록 2번째 섹션부터는 처음로드 중간에서 각각 와인딩한다.

④ 세 번째 섹션 역시 두 번째 로드의 중앙에서 시작하여 양 사이드 쪽으로 연결하여 와인딩한다.

- 와인딩하면서 두상이 입체적인 구형이라는 것을 염두에 두면서 와인딩한다.

⑤ 햄라인까지 와인딩을 계속 진행하여 와인딩한다.

QR 머쉬룸 벽돌쌓기

5 시술 사진

01 정중선 나눔

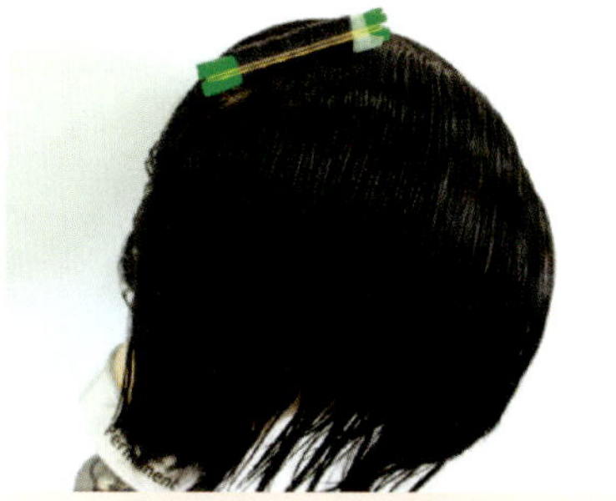
02 G.P와인딩 시작

03 뒷 모습

04 벽돌쌓기 와인딩

05 옆 모습

06 옆 모습

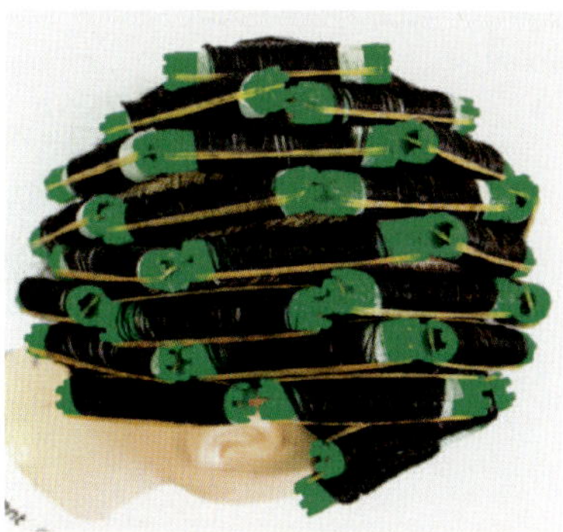
07 우면 모습

08 우면 완성

09 전면 완성

10 좌면 완성

11 위 완성 모습

12 G.P 완성 모습

10-4 원형확장 와인딩 Circle expanded winding

1 원형확장 퍼머

한 지점을 기준으로 부채꼴 모양으로 와인딩하는 것이다. 원형확장한 부분의 웨이브의 흐름을 줄 수 있다. 종류는 1/2 원형확장, 1/4 원형확장이 있다.

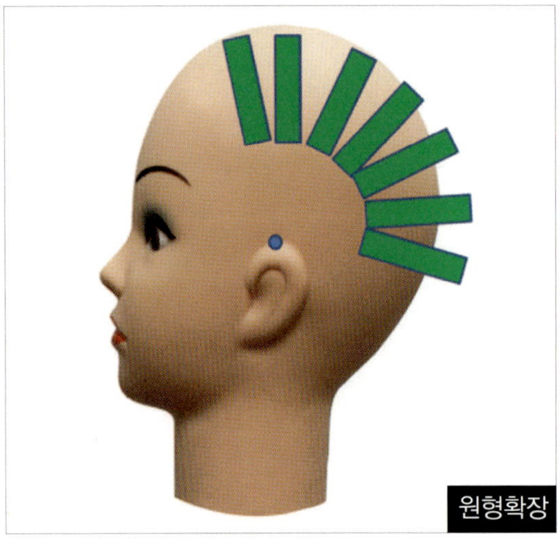

원형확장

2 사용 미용 도구

기본로드(굵은 로드), 페이퍼, 고무줄, 꼬리빗, 위그, 마네킹, 홀더, 분무기 등

3 도해도

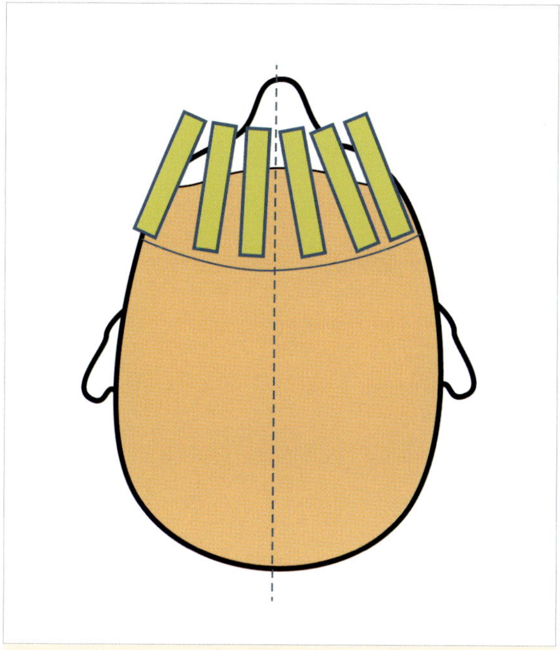

윗 면

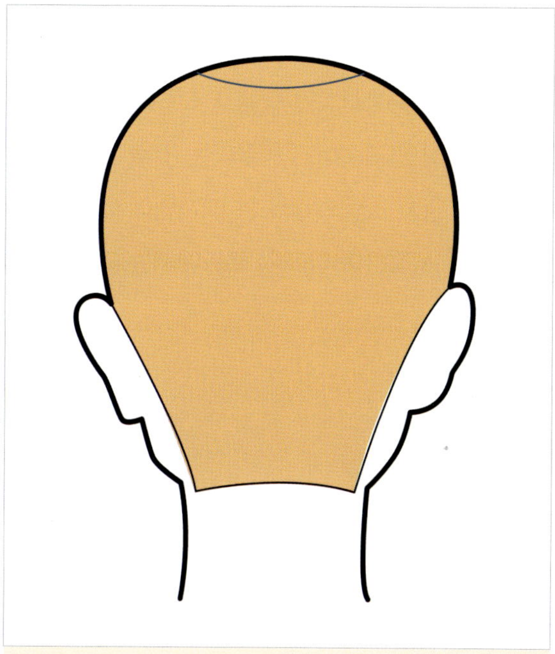

뒷 면

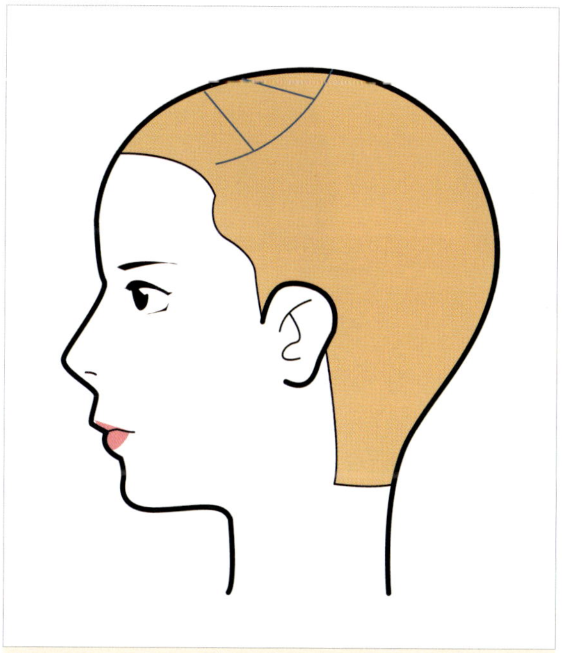

좌 면

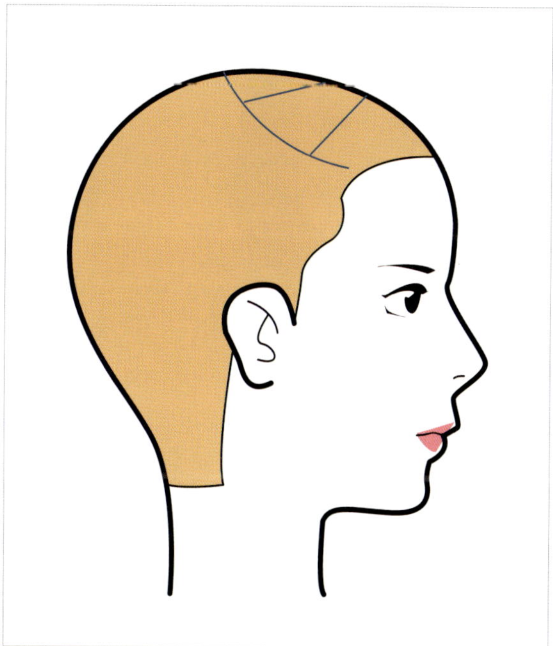

우 면

4 시술 순서

① 정중선(센터파팅)을 나눈다. 다음 확장원형 부분 라운드 파팅한다.

② 원하는 방향에서 와인딩을 시작한다.

- 두상이 입체적이고 둥글다는 것을 알고, 섹션폭과 로드 폭을 고려하여 섹션을 나눈다.
- 와인딩시 스템의 각도는 디자인에 따라 다르지만, 앞머리 같은 경우 스템을 90° 이상 들어서 와인딩 시작하여 마지막 로드에서는 다운 스템으로 와인딩하기도 한다.

QR 원형확장

5 시술 사진

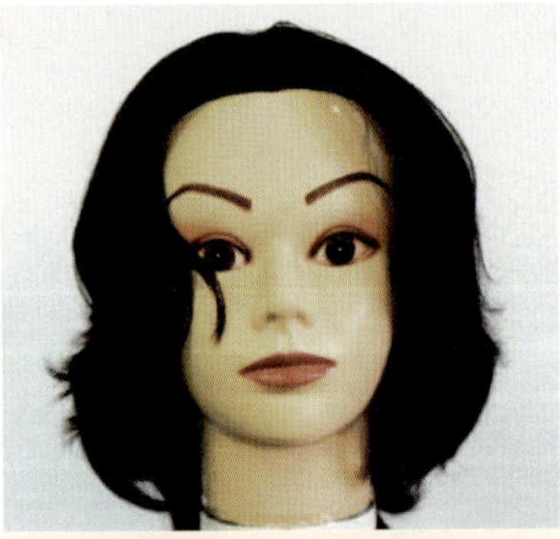

01 위그 모습

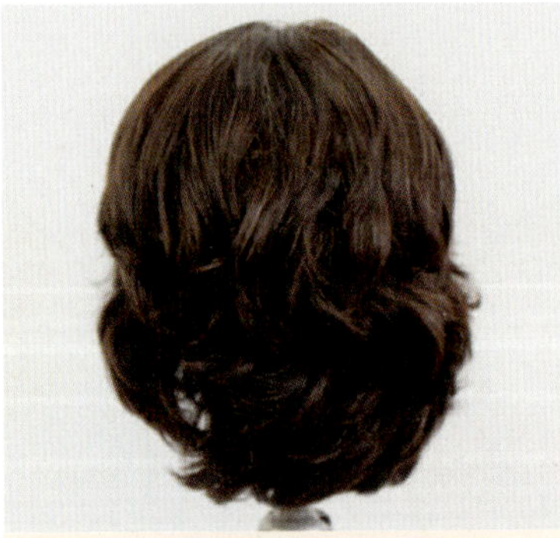

02 위그 모습

03 라운드 파팅

04 옆 모습

05 섹션 나눈 모습

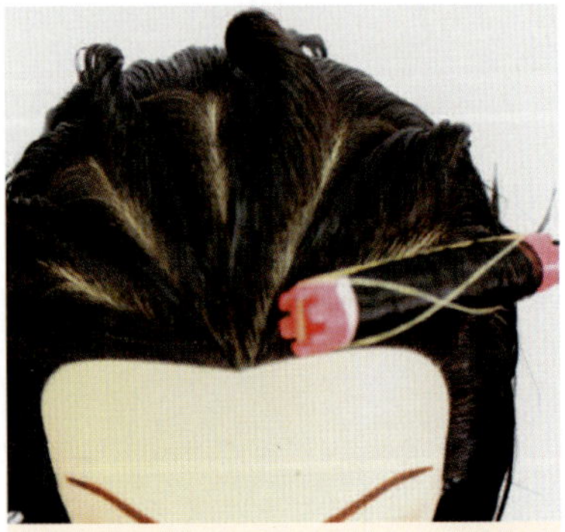

06 흐름에 따라 와인딩

07 1/2 원형확장 완성

08 위 완성 모습

09 옆 완성 모습

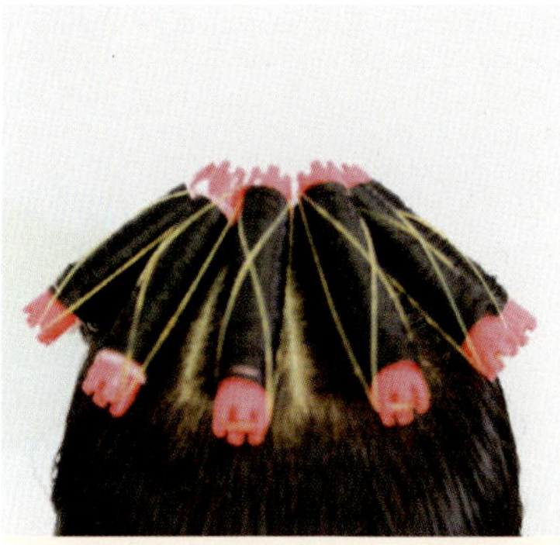
10 뒤 완성 모습

1/4 원형확장(왼쪽가르마)

1/4 원형확장(중앙가르마)

10-5 스파이럴 와인딩 Spiral winding

1 스파이럴 와인딩

스파이럴 와인딩은 나사선 모양으로 로드를 따라 모발을 와인딩하는 것이다.
주로 긴 모발에 균일한 웨이브를 연출하고자 할 때 와인딩하는 기법이며, 로드는 일반로드 또는 길이가 긴 특수로드를 사용한다.

스파이럴 와인딩(꼬아서)

스파이럴 와인딩(느슨하게/꼬지않고)

스파이럴 와인딩 종류

종 류(시작점)	모발의 상태	웨이브(컬) 상태
모선에서 모근	느슨하게(꼬지 않고)	컬 형성이 떨어진다.
모선에서 모근	모발을 꼬아서	컬 형성이 좋다.
모근에서 모선	느슨하게(꼬지 않고)	컬 형성이 떨어진다.
모근에서 모선	모발을 꼬아서	컬 형성이 좋다.

2 사용 미용 도구

기본로드, 페이퍼, 고무줄, 꼬리빗, 위그, 마네킹, 홀더, 분무기 등

3 도해도

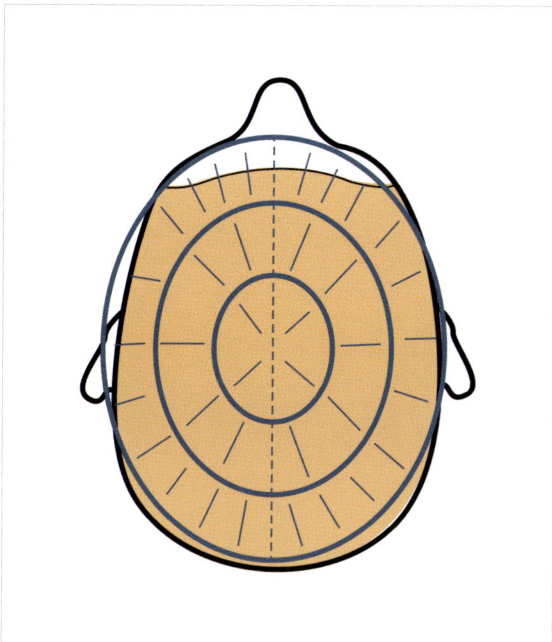

윗면

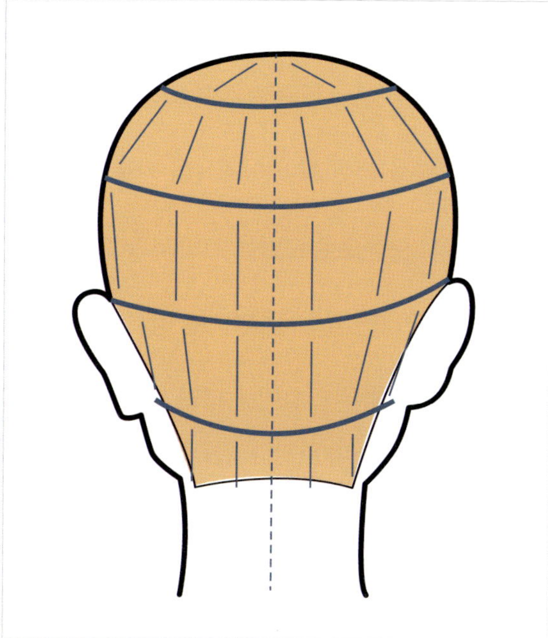

뒷면

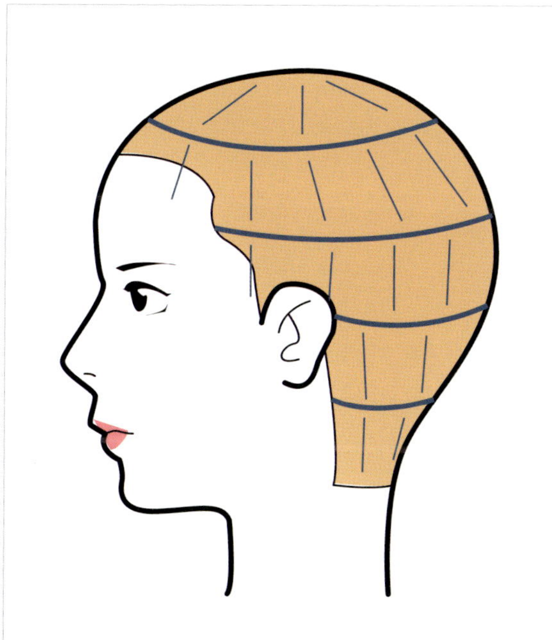

좌면

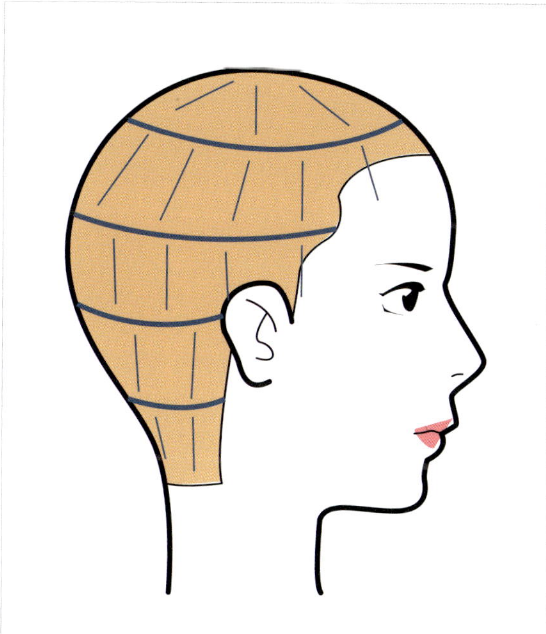

우면

4 시술 순서

① 정중선(센터파팅)을 나눈다.

② 네이프 부분 2cm 폭으로 수평 파팅을 한다.

③ 시작 부분을 정한 후 베이스폭을 가로 세로 머리길이에 따라 1~2cm로 나눈다.

④ 모근에서 모선으로 모발을 꼬아서 로드에 나사선형으로 와인딩한다.

⑤ 첫 단이 끝나면 둘째 단 부터는 역시 첫 단과 동일하게 와인딩을 진행한다.

⑥ 마지막 탑부분은 디자인에 따라 베이스를 나눈 후 와인딩한다.
- 이 장에서는 피봇(사다리꼴)형으로 나눈 후 와인딩했다.

QR 모근에서 모선 느슨하게

QR 모선에서 모근 느슨하게

5 시술 사진

01 첫 파팅

02 와인딩 시작

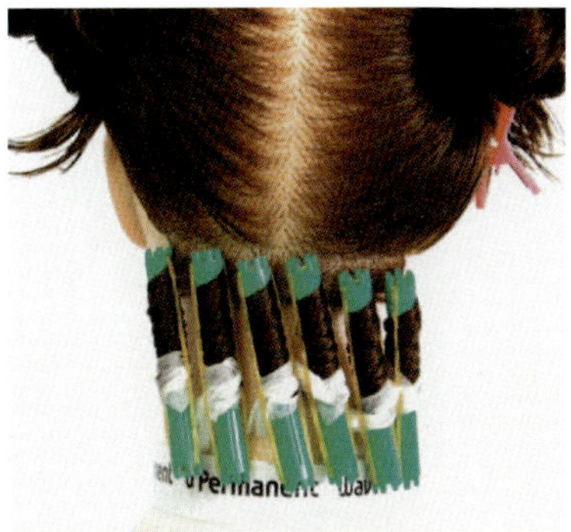
03 첫 파팅 와인딩 완성

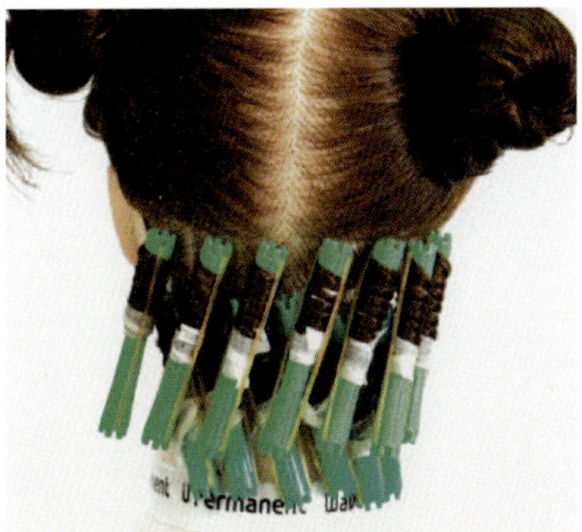
04 둘째 파팅 와인딩 완성

05 세, 네째 파팅 와인딩 완성

06 옆 모습

07 앞 모습

08 다섯째 파팅 완성

09 옆 모습

10 여섯번째 파팅 완성

11 옆 모습

12 마지막 파팅 완성

13 좌 완성 모습

14 뒤 완성 모습

15 우 완성 모습

16 위 완성 모습

10-6 프로젝션 수평 Projection

1 프로젝션 와인딩

모발 질감의 표현을 모선 쪽에 두고 모근 쪽 베이스 부분은 퍼머넌트가 되지 않은 상태로 두며 커트의 길이에 따라 머릿결의 질감이 표현되면 커트와 관계가 있다. 대개 퍼머넌트의 길이 또는 퍼머가 되지 않는 부분의 길이를 일정하게 유지하면서 무게감을 확장시키거나 커트의 표현을 증가시키기 위해 사용하는 기법이다.

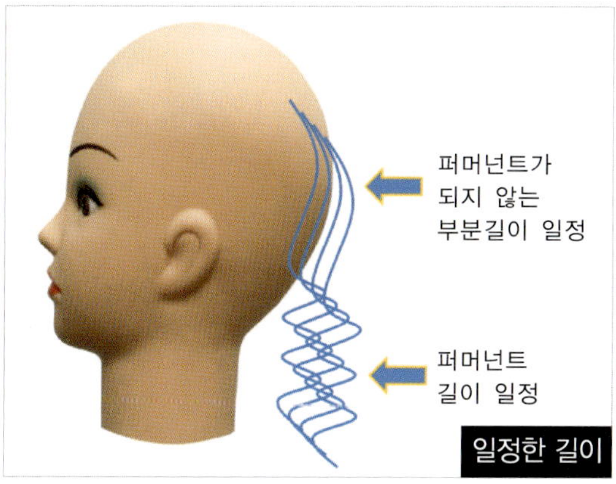

프로젝션 종류

종류	와인딩 형태	스타일 특징	특징
수평 프로젝션	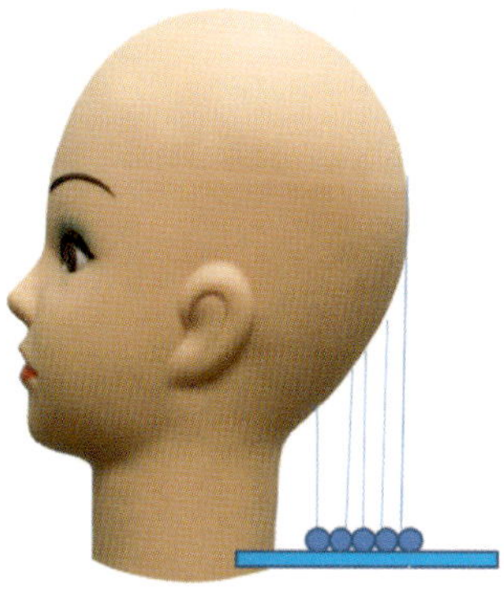	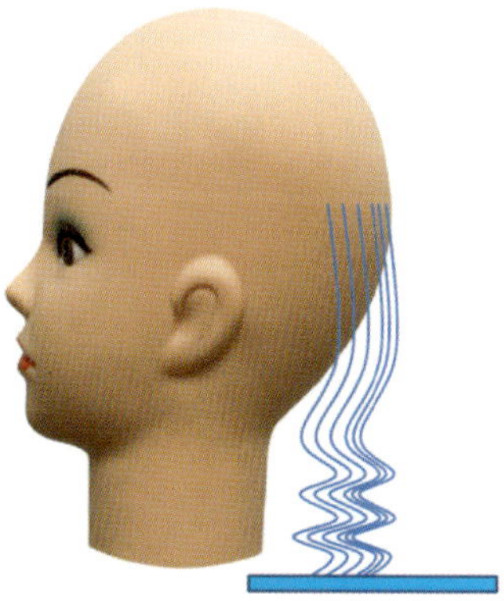	단발머리 스타일에 적용

그레쥬에이션 **(업-프로젝션)**	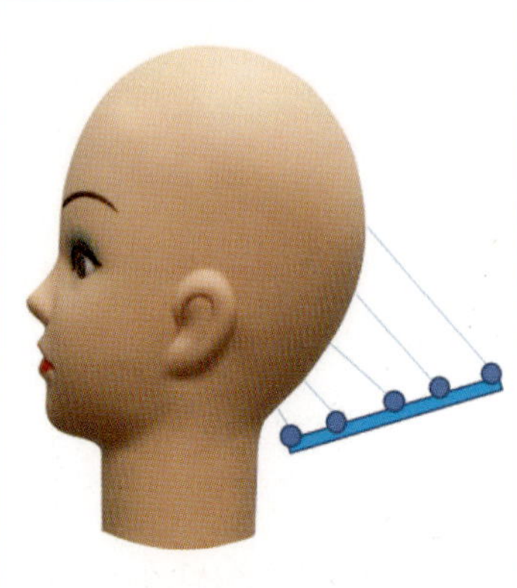	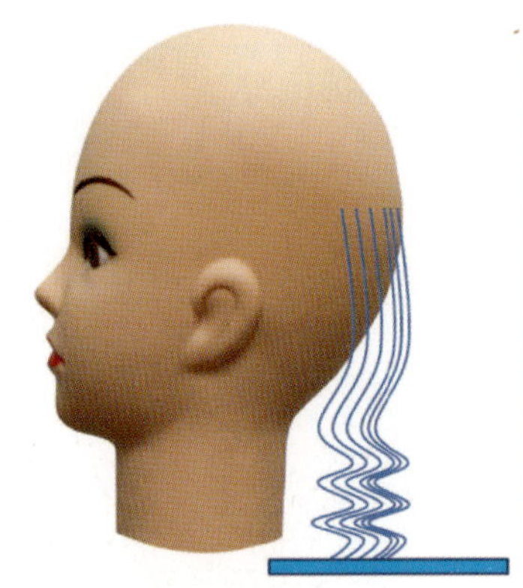	단차를 따라서 컬의 흐름이 표현
인크리스레이어 **(다운-프로젝션)**	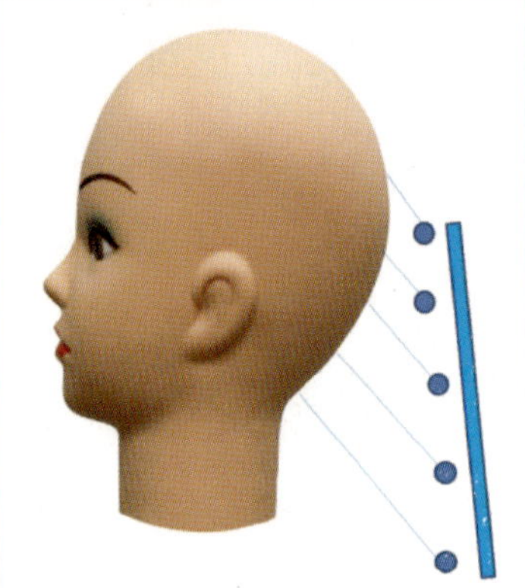	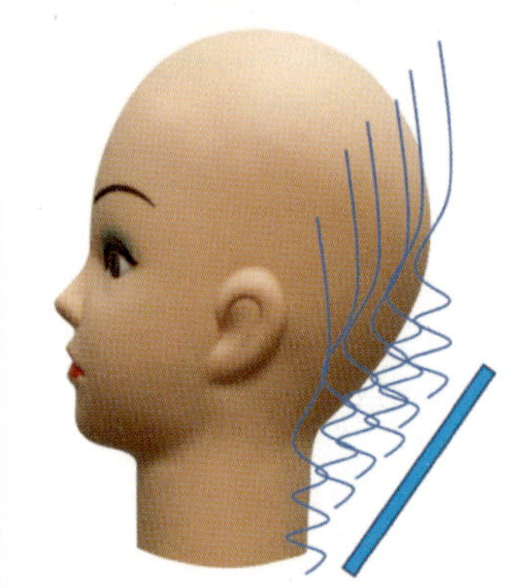	긴머리에서 길이가 짧아지 는 반면 전체 표면을 따라 컬의 흐름이 유지

2 사용 미용 도구

기본로드(굵은 로드), 페이퍼, 고무줄, 꼬리빗, 위그, 마네킹, 홀더, 분무기 등

3 도해도

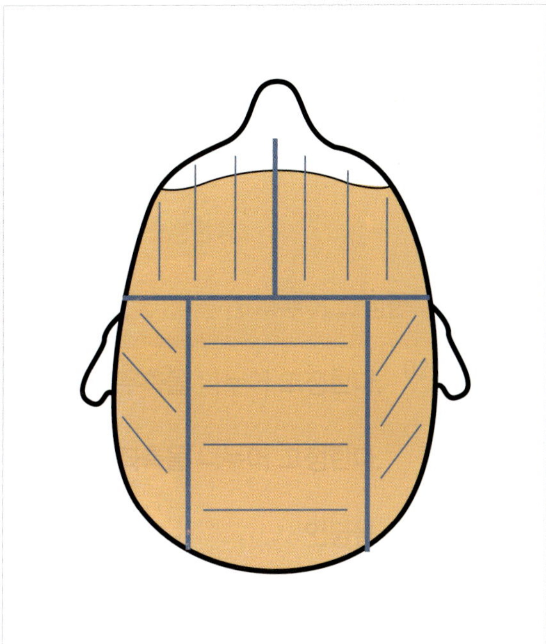

윗 면

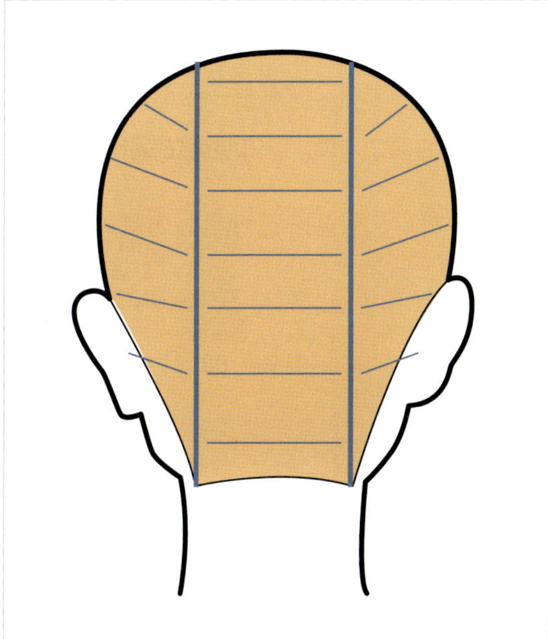

뒷 면

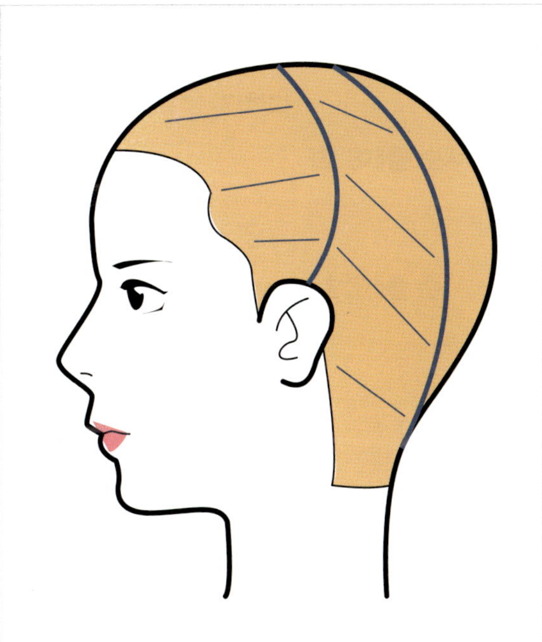

좌 면

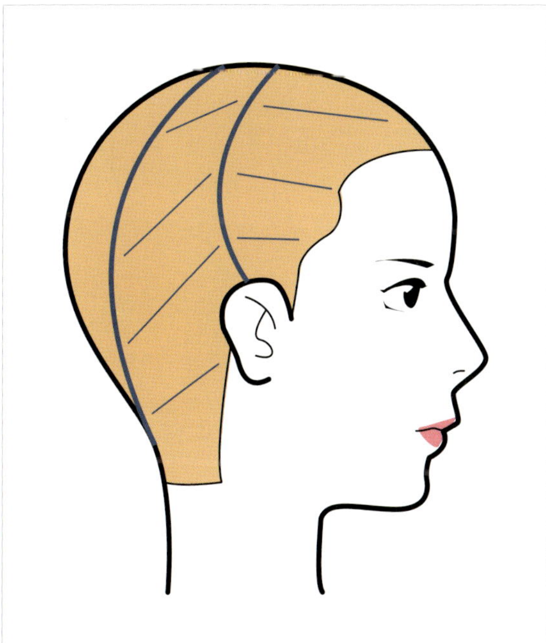

우 면

4 시술 순서

① 파팅은 5파팅으로 기본 퍼머넌트 와인딩 5파팅과 같은 순서로 하면 된다.

② 네이프 부분부터 수평섹션으로 베이스 폭 2cm를 나눈다.

- 웨이브 폭의 길이, 컬의 형을 생각하여 로드를 선정하고 베이스 폭을 정한다.

③ 탑부분까지 와인딩을 진행한다. 이때 수평 솔리드가 되도록 한다.

④ 후두부 우측 면을 후두부 중앙 부위의 베이스 섹션과 연결하여 와인딩을 네이프부터 탑부분으로 와인딩한다.

⑤ 후두부 좌측 면을 후두부 중앙부위의 베이스 섹션과 연결하여 와인딩을 네이프부터 탑부부으로 와인딩한다.

⑥ 우측 사이드 부분을 뒷 부분과 연결하여 와인딩한다.

⑦ 좌측 사이드 부분을 뒷 부분과 연결하여 와인딩한다.

QR 수평프로젝션

QR 업프로젝션

5 시술 사진

01 파팅 모습

02 파팅 모습

03 파팅 모습

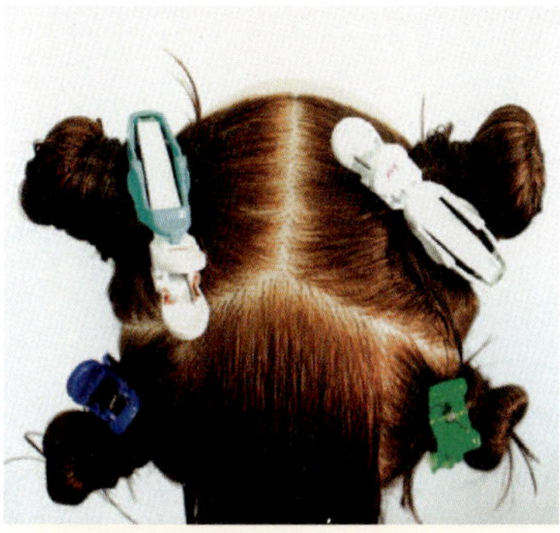
04 파팅 윗 모습

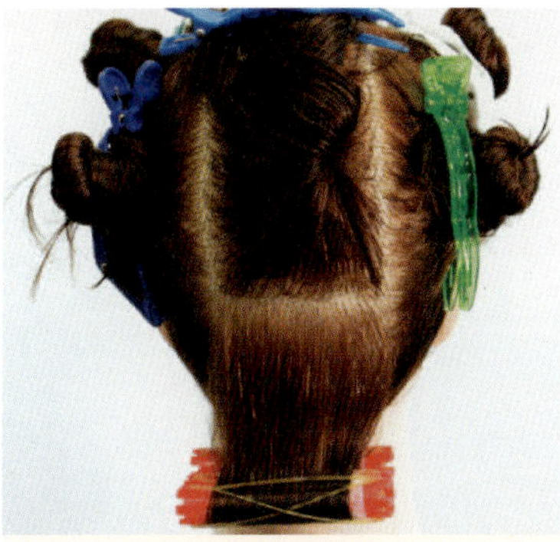
05 네이프 부분 와인딩

06 옆 모습

07 후두부 중앙 와인딩

08 옆 모습

09 후두부 우측 와인딩

10 후두부 우측 와인딩

11 후두부 좌측 와인딩

12 우측 사이드 와인딩

13 양 사이드 와인딩 완성

14 뒤 완성 모습

15 우 완성 모습

16 위 완성 모습

10-7 더블 와인딩 Double winding

1 더블 와인딩

더블 와인딩은 하나의 베이스 폭 안에 스트랜드(판넬)의 모발을 2개의 로드를 이용하여 와인딩하는 기법이다. 주로 전두부, 탑부분에 시술한다.

더블 와인딩 종류

종류	와인딩 형	특징
피기 백	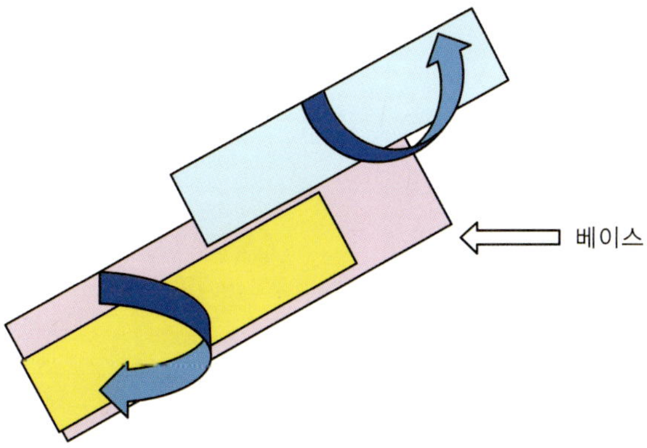	베이스를 1/2로 나눈 후 첫 번째는 포워드방향으로 와인딩하고 나머지 부분은 또 다른 로드를 이용하여 리버스 와인딩한다.
더블 와인딩	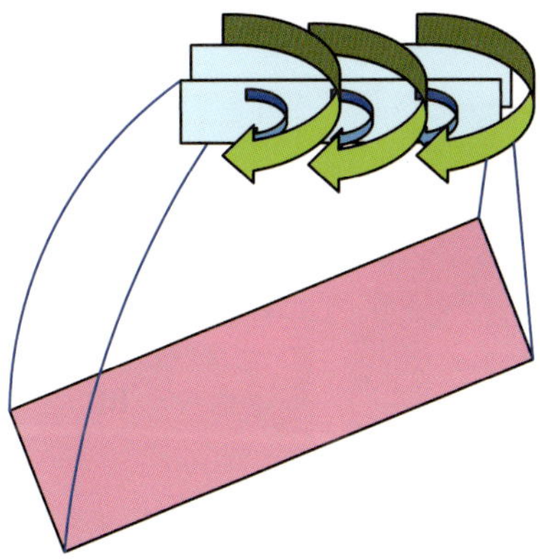	첫째 가는로드로 와인딩을 하다가 중간부분에서 굵은로드와 같이 와인딩한다.

더블 와인딩 시술

더블 와인딩 시술

더블 와인딩 시술

더블 와인딩 시술

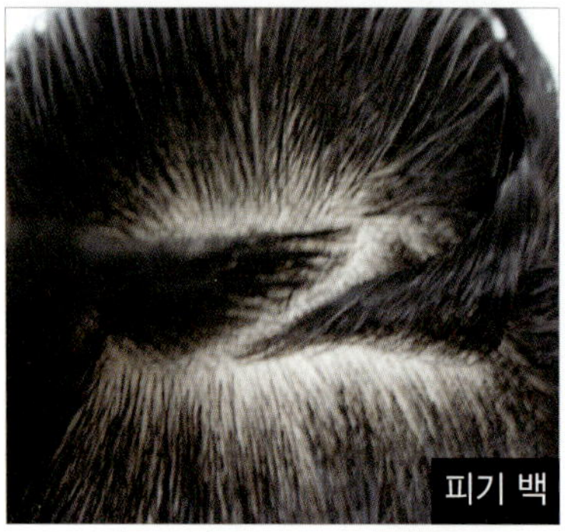
피기 백

피기 백

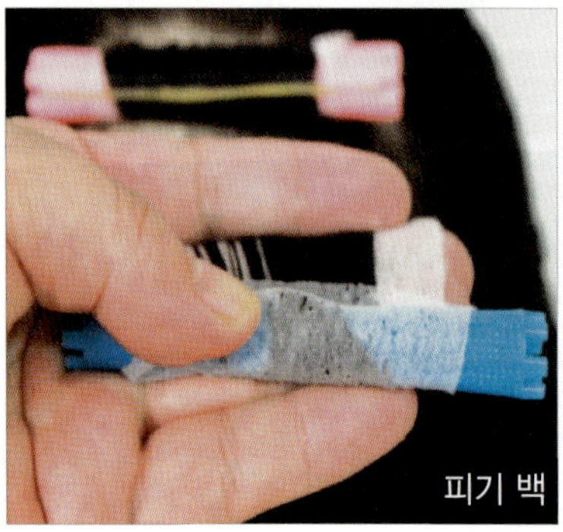
피기 백

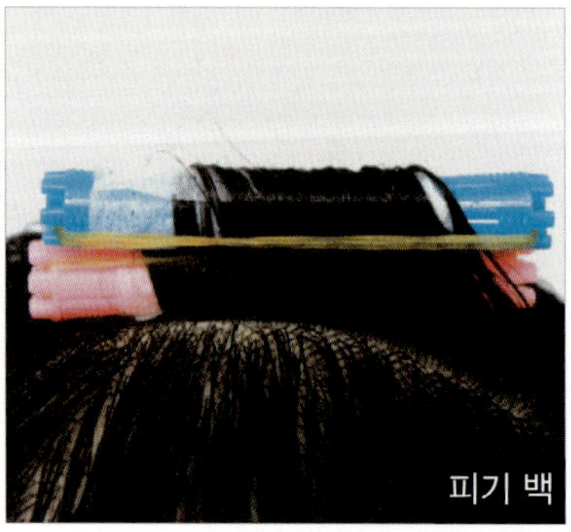
피기 백

2 사용 미용 도구

기본로드, 페이퍼, 고무줄, 꼬리빗, 위그, 마네킹, 홀더, 분무기 등

3 도해도

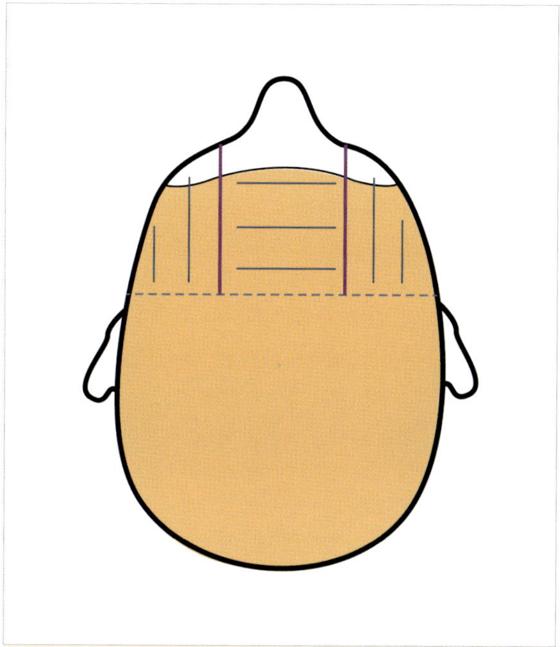

윗면

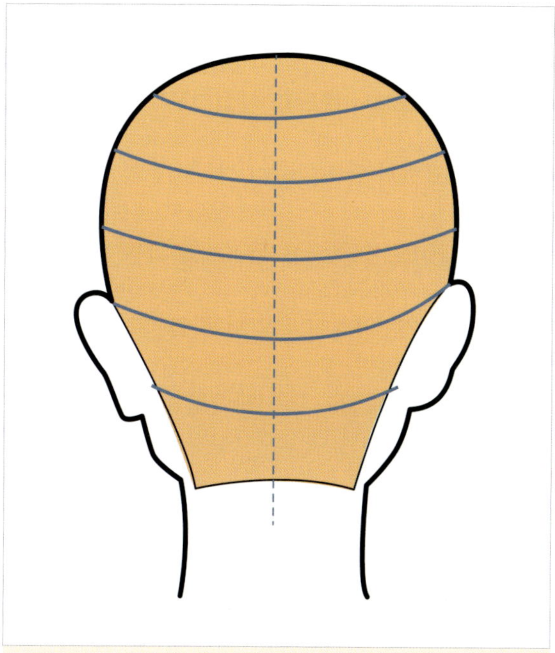

뒷면

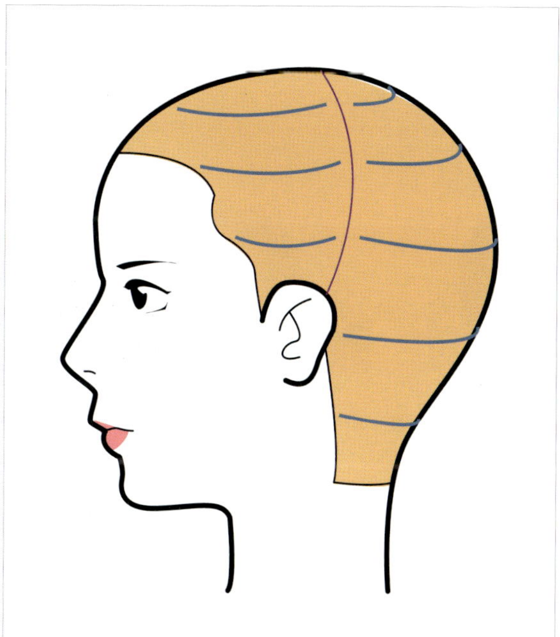

좌면

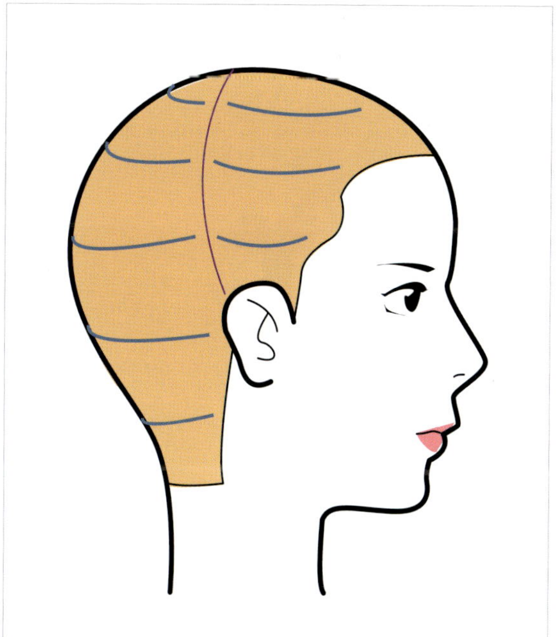

우면

4 시술 순서

① 전두부와 사이드를 3파팅 한다.

② C.P 포인트에서 로드를 선정하고 가는 로드로 와인딩하고 중간 정도에서 굵은 로드로 와인딩한다.

③ T.P 지점까지 와인딩한다.

④ 우측 사이드 수평섹션 베이스를 나눈 후 와인딩한다.

⑤ 좌측 사이드 우측과 동일하게 와인딩한다.

⑥ 후두부는 벽돌쌓기 와인딩으로 마무리 한다.

QR 더블 와인딩

5 시술 사진

01 파팅 앞 모습

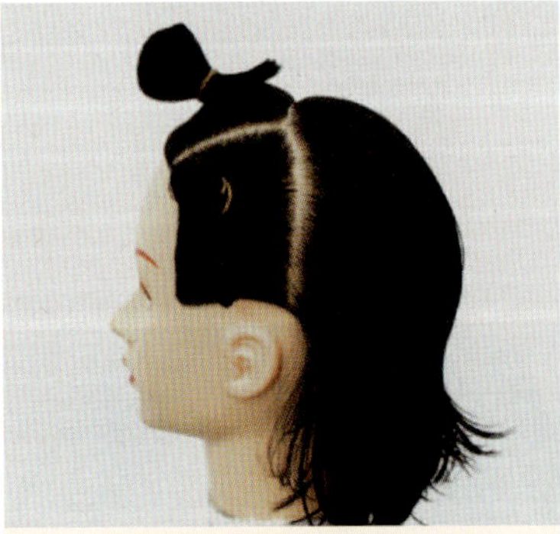
02 파팅 옆 모습

03 파팅 윗 모습

04 전두부 더블 와인딩

05 옆 모습

06 뒷 모습

07 좌측 와인딩

08 앞 모습

09 우측 와인딩

10 앞 모습

11 후두부 벽돌쌓기

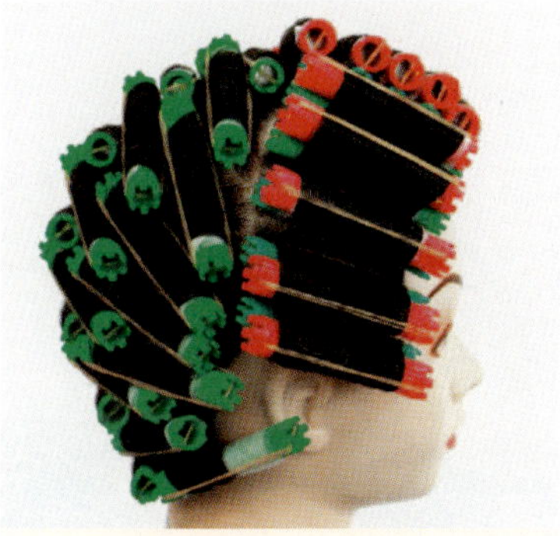
12 완성 우측 모습

13 완성 앞 모습

14 완성 좌측 모습

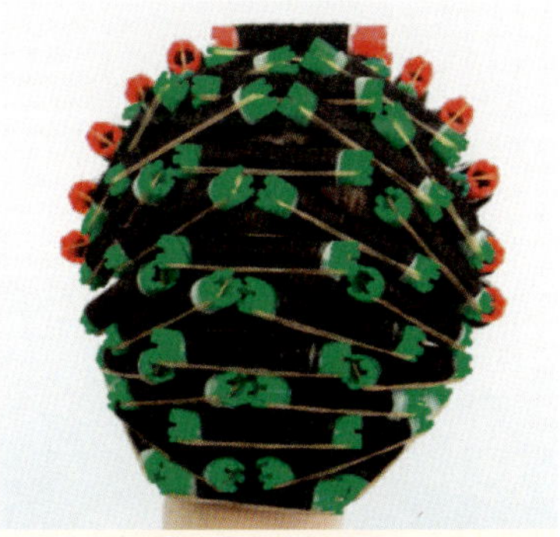
15 완성 뒷 모습

10-8 이중로드 와인딩 Double rod winding

1 이중로드 와인딩

한 베이스에 가는 로드, 굵은 로드로 와인딩하는 기법이다. 뿌리 부분 볼륨을 줄 수 있다.

이중로드 와인딩

이중로드 와인딩	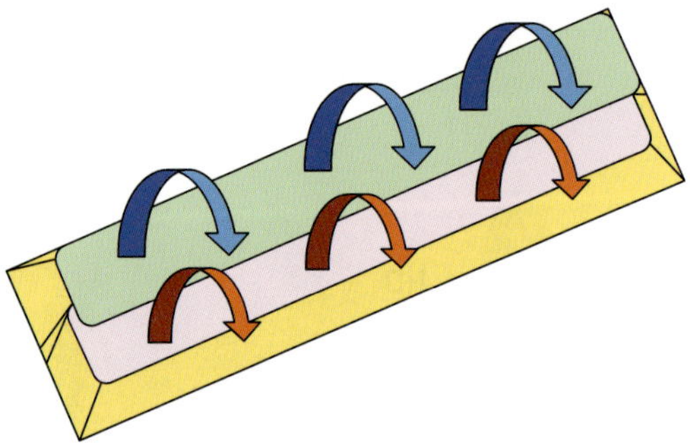	한 베이스를 1/2로 나눈 후 두피 볼륨을 위해 작은 로드로 먼저 와인딩한 후 나머지 모발을 굵은 로드를 사용하여 와인딩한다.

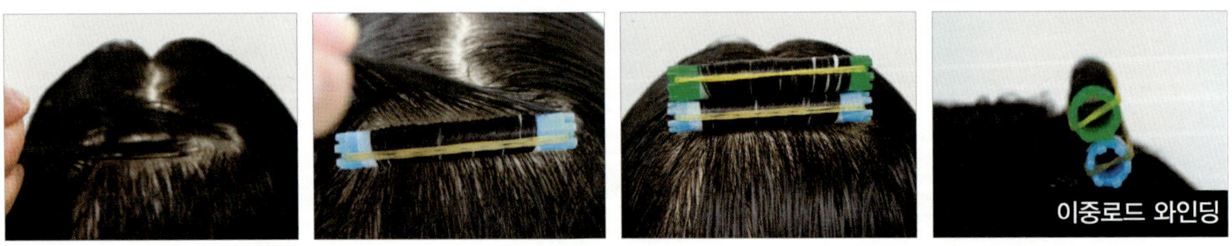

2 사용 미용 도구

기본로드, 페이퍼, 고무줄, 꼬리빗, 위그, 마네킹, 홀더, 분무기 등

3 도해도

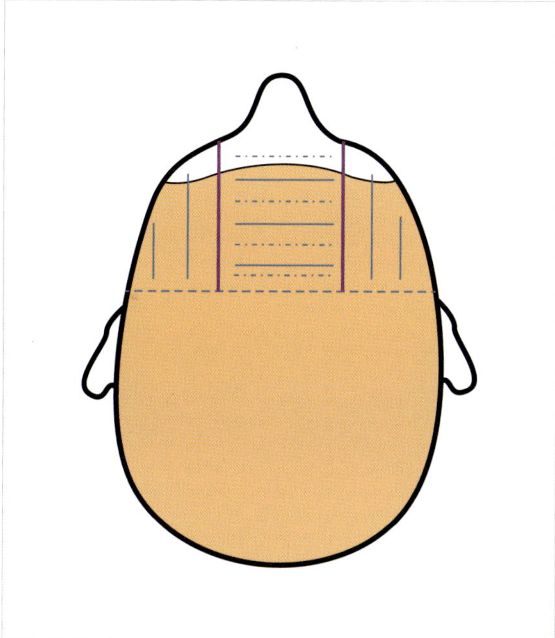

윗 면

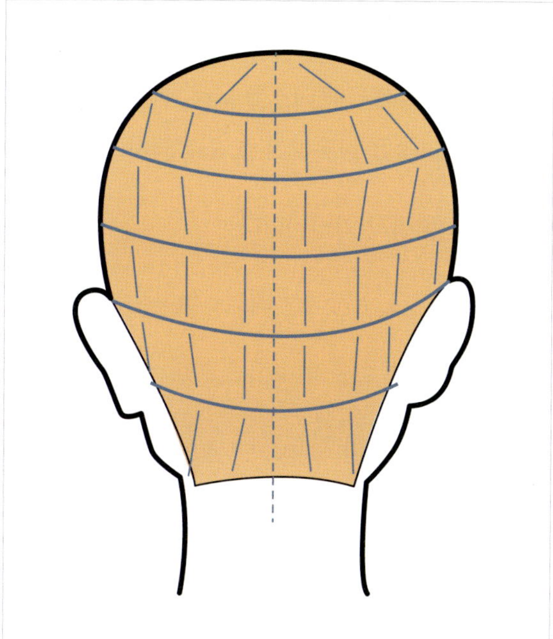

뒷 면

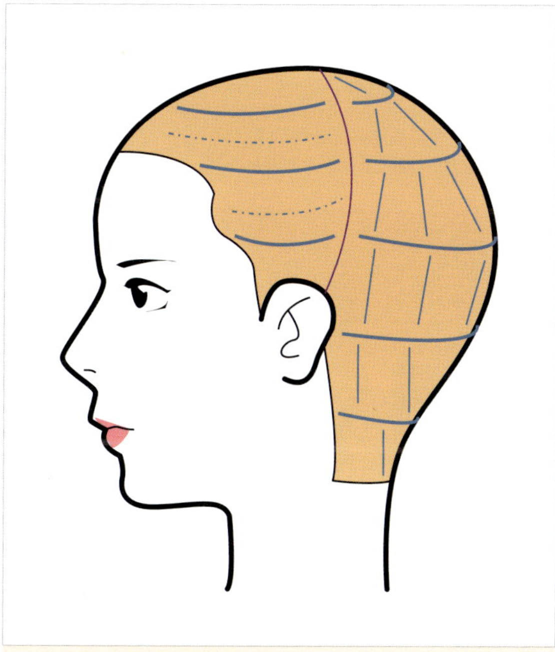

좌 면

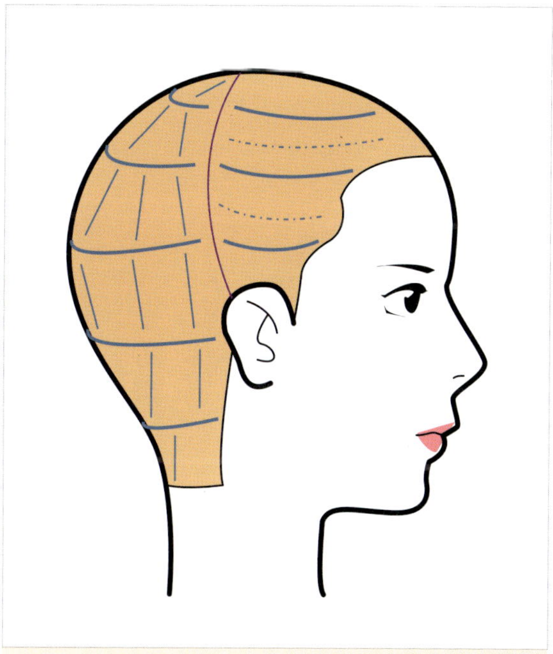

우 면

4 시술 순서

① 전두부와 사이드를 3파팅 한다.

② C.P 포인트에서 베이스를 나눈 후 다시 1/2로 나누어 아래 부분을 가는 로드로 와인딩하고 나머지 남은 1/2 모발을 굵은 로드로 와인딩하여 가는 로드 위에 얹는다.

③ T.P 지점까지 와인딩한다.

④ 우측 사이드 수평섹션 베이스를 나눈 후 와인딩한다.

⑤ 좌측 사이드 우측과 동일하게 와인딩한다.

⑥ 후두부는 네이프 부분부터 스파이럴 와인딩으로 마무리한다.

QR 이중로드 와인딩

QR 피기백 와인딩

5 시술 사진

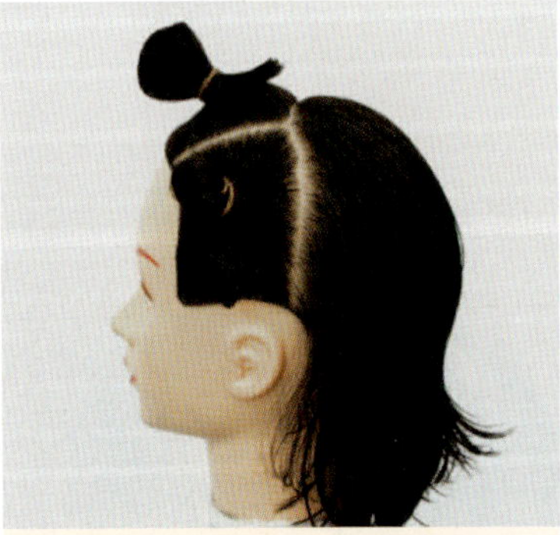

01 파팅 옆모습

02 파팅 위 모습

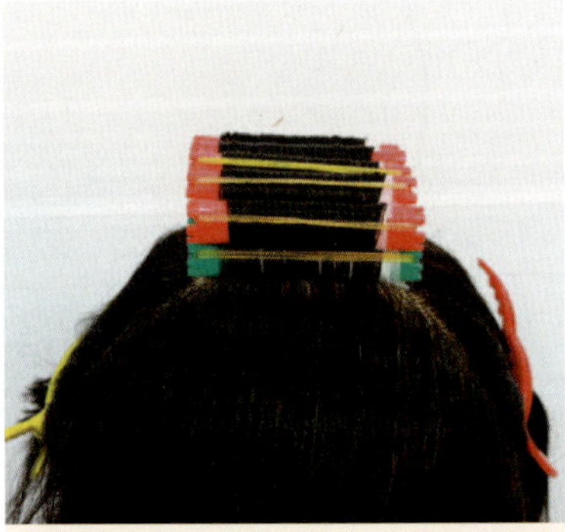

03 이중로드 와인딩

04 앞모습

05 우측 사이드 와인딩

06 우측 사이드 모습

07 좌측 사이드 와인딩

08 좌측 사이드 모습

09 네이프 부분 스파이럴 와인딩

10 스파이럴 진행

11 뒷면 스파이럴 완성

12 우측면 완성

13 앞면 완성

14 좌측면 완성

10-9 캔들스틱 와인딩 Candle stick winding

1 캔들스틱 와인딩

사이드부분, 백부분의 모발 흐름에 역행해서 세로 와인딩 기법으로 나란히 와인딩 하는 기법이다. 스핀들 스틱 와인딩(Spindle stick winding)이라고도 한다.

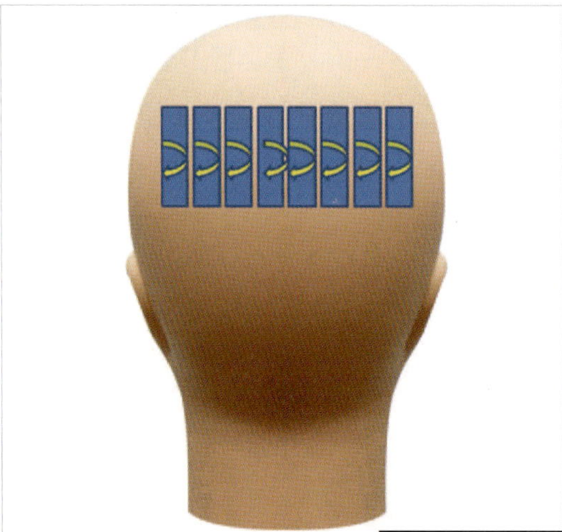

캔들스틱 와인딩

2 사용 미용 도구

기본로드, 페이퍼, 고무줄, 꼬리빗, 위그, 마네킹, 홀더, 분무기 등

3 도해도

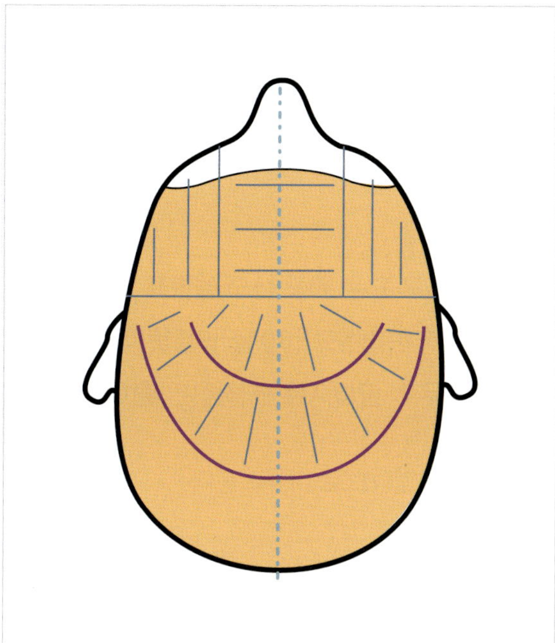

윗 면

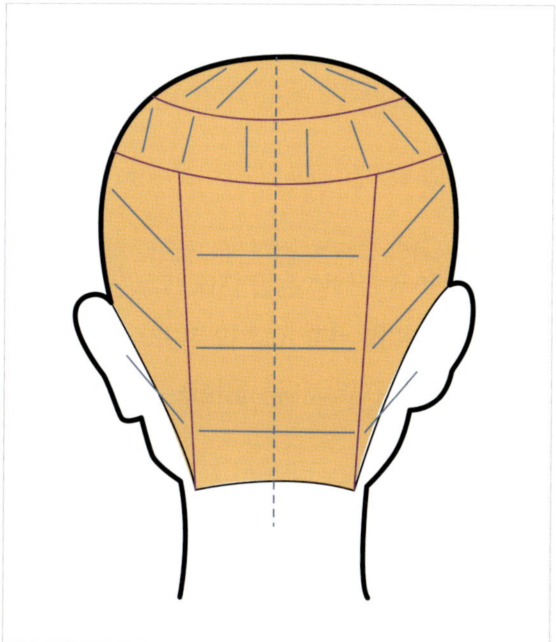

뒷 면

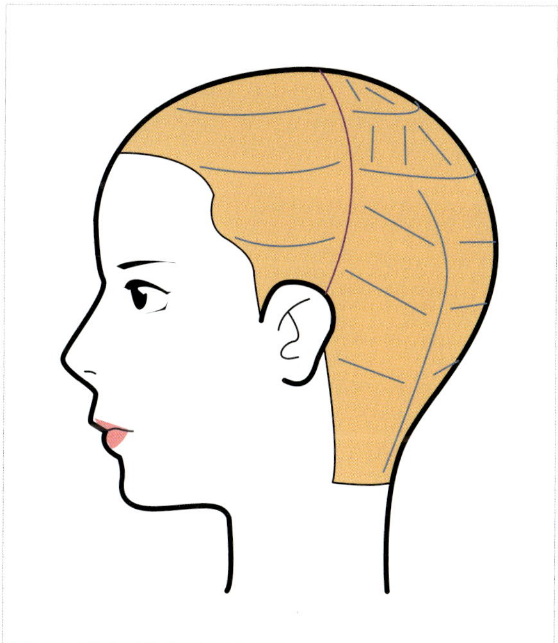

좌 면

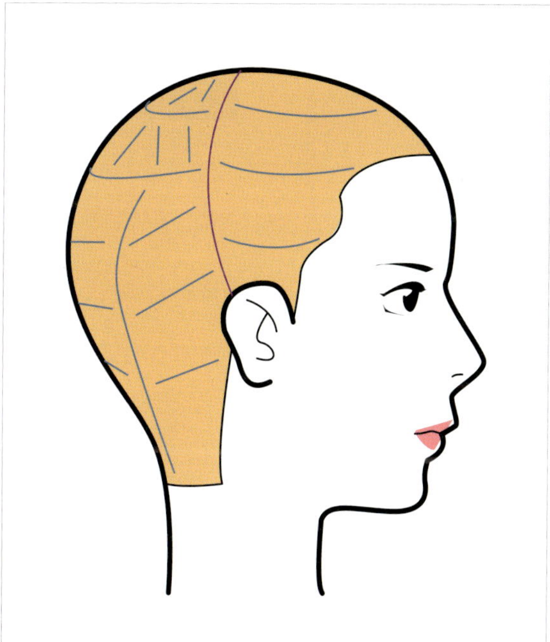

우 면

4 시술 순서

① 전두부와 사이드는 굵은 로드를 이용하여 와인딩한다.

② 캔들스틱 와인딩은 주로 사이드나 후두부에 시술한다.

③ 후두부의 탑부분에 수평으로 2~3cm 폭으로 수평으로 파팅한다.

④ 와인딩 시작 부분을 정한 후 세로로 섹션을 나눈 후 와인딩을 시작한다.

⑤ 첫 단이 끝나면 둘째 단 역시 수평으로 2~3cm 폭으로 수평으로 파팅한다.

⑥ 세로로 섹션을 나눈 후 와인딩을 한다.

⑦ 후두부 백포인트부터 네이프 포인트까지는 굵은 로드로 기본 와인딩으로 마무리한다.

QR 캔들스틱 와인딩

5 시술 사진

01 전두부, 측두부 와인딩

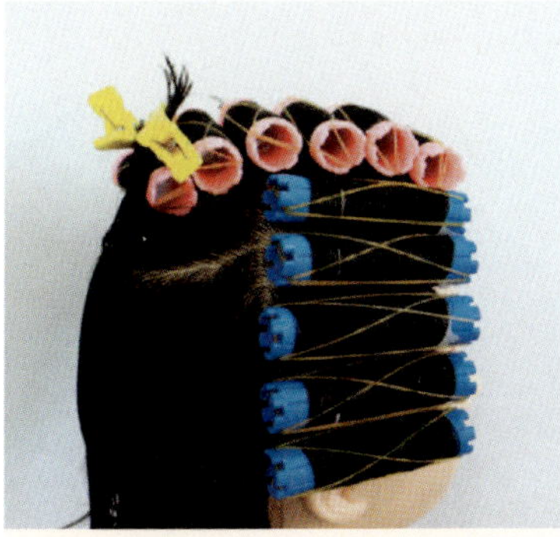
02 옆 모습

03 첫 섹션 와인딩

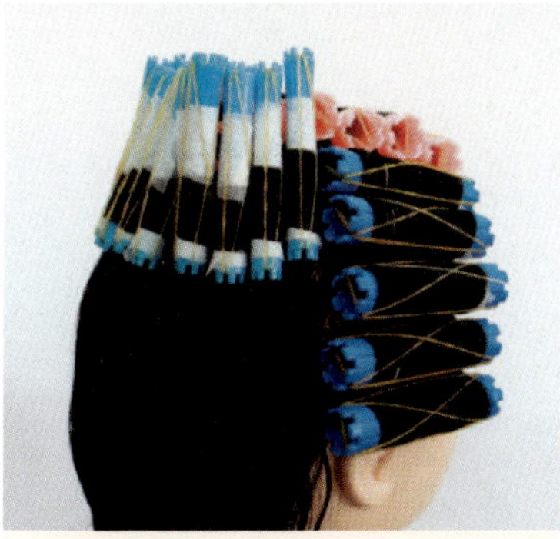
04 첫섹션 와인딩 완성

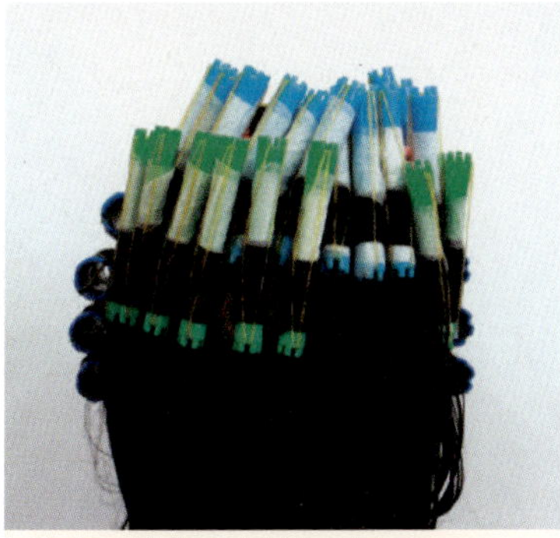
05 둘째 섹션 와인딩 시작

06 와인딩 완성

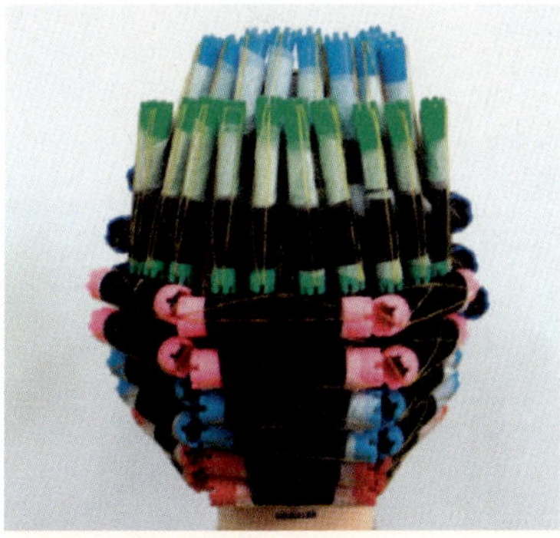
07 뒤 완성 모습

08 좌 완성 모습

10-10 오브롱 와인딩 Oblong winding

1 오브롱 와인딩

평행한 컬선(C)들로 이루어져 길게 연결하는 기법이다. 섹션폭이 좁아도 와인딩이 가능하다. 섹션 베이스의 모양은 주로 마름모 꼴이 되며, 와인딩이 두상의 곡면을 따라 파도치듯이 자연스럽게 연결되게 와인딩해야 한다.

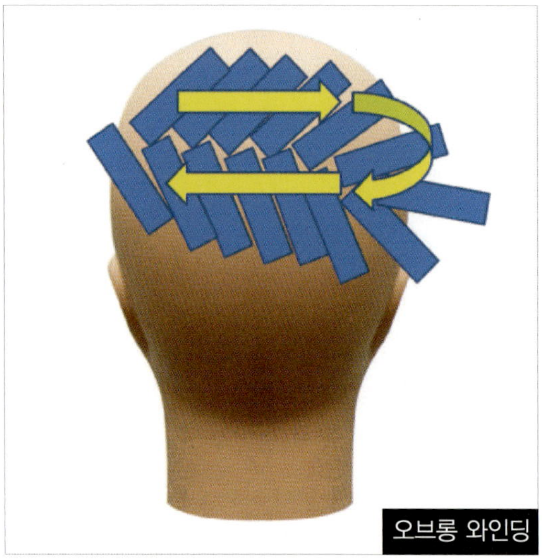
오브롱 와인딩

2 사용 미용 도구

기본로드, 페이퍼, 고무줄, 꼬리빗, 위그, 마네킹, 홀더, 분무기 등

3 도해도

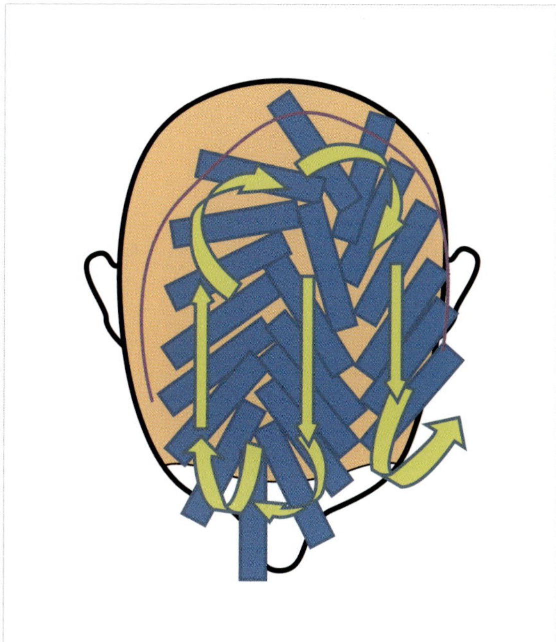

윗 면

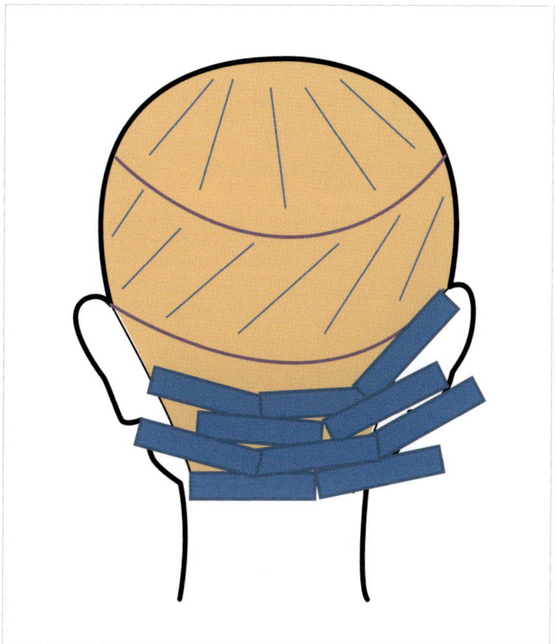

뒷 면

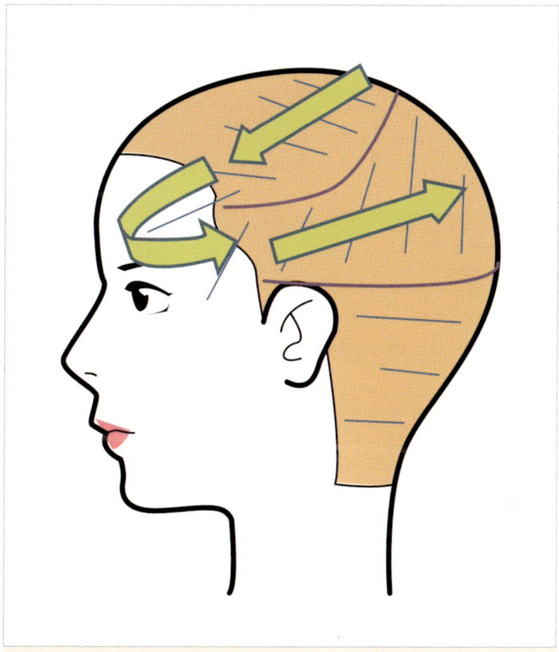

좌 면

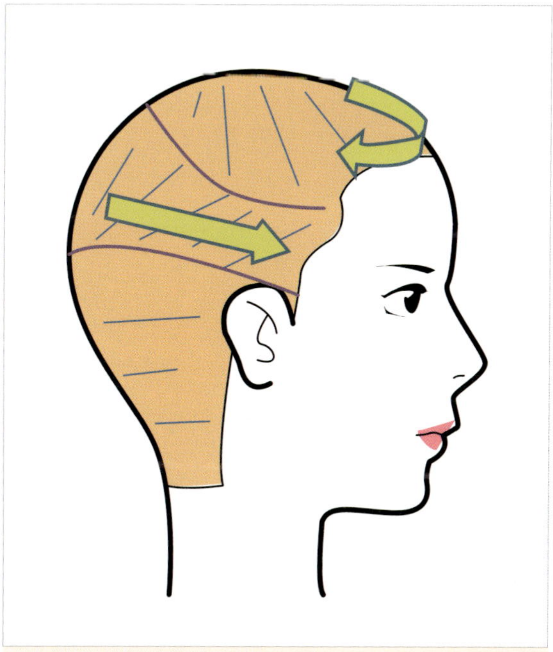

우 면

4 시술 순서

① 전두부 파팅을 도해도와 같이 한다.

② 시작 부위를 확인하고 베이스를 나눈다.

③ 두상이 곡면인 것을 생각하면서 계속 베이스를 나눈 후 와인딩한다.
- 로드의 중간 부위가 두상에 닿는다는 생각으로 와인딩한다.

④ 프론트사이드까지 와인딩이 끝났으면 도해도와 같이 다음 파팅을 4~5cm 정도 나눈다.

⑤ 오브롱은 연결이기 때문에 흐름이 끊어지지 않도록 이어서 와인딩을 진행한다.

⑥ 반대편(좌측)까지 와인딩을 진행하고, 계속 코너 부분 베이스를 마름모꼴 또는 삼각형으로 나눈 후 와인딩을 진행한다.

⑦ 반대편(우측)까지 오브롱 와인딩을 마무리한다.

⑧ 네이프 부분은 벽돌쌓기 와인딩으로 마무리한다.

QR 오브롱 와인딩 1

QR 오브롱 와인딩 2

5 시술 사진

01 파팅 후 와인딩 시작

02 와인딩 진행

03 첫 파팅 와인딩 완성

04 두 번째 파팅

05 코너부분 와인딩 연결

06 와인딩 진행

07 좌측 두 번째 단 완성

08 세 번째 단 오브롱 연결

09 와인딩 진행

10 와인딩 진행

11 세 번째 단 오브롱 완성

12 오브롱 완성 뒷 모습

13 네이프 벽돌쌓기

14 위 완성

15 좌측 완성

우측 완성

앞면 완성

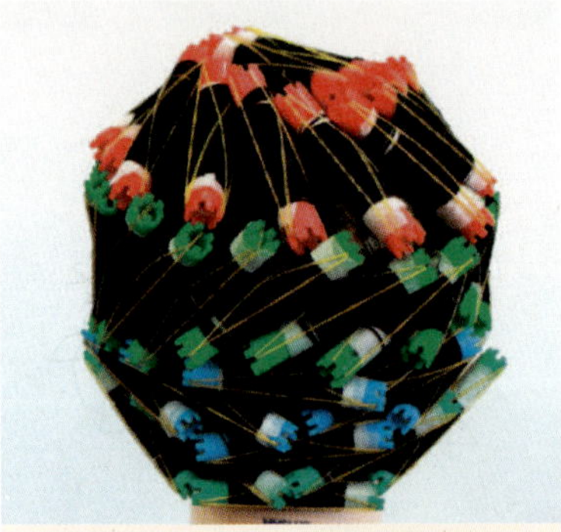
뒷면 완성

10-11 혼합형 와인딩 Combination winding

1 혼합형 와인딩

혼합형 와인딩은 한 두상에 여러 가지 와인딩 기법으로 와인딩하는 것을 말한다.

- 오브롱 + 벽돌
- 벽돌 + 스파이럴
- 원형확장 + 오브롱 + 스파이럴
- 더블와인딩 + 스핀들 스틱 + 스파이럴

위의 예뿐 아니라 어떻게 조합을 하느냐에 따라 무수한 스타일을 표현할 수 있다. 본 교재에서는 원형확장 + 벽돌쌓기 + 스파이럴 와인딩으로 조합하였다.

2 사용 미용 도구

기본로드, 페이퍼, 고무줄, 꼬리빗, 위그, 마네킹, 홀더, 분무기 등

3 도해도

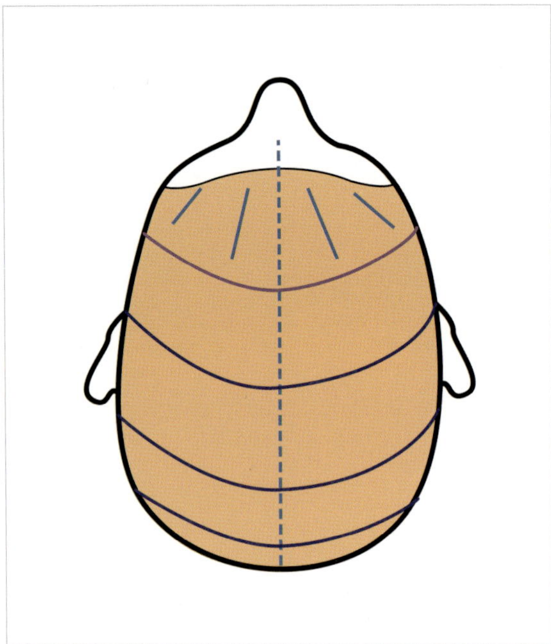

윗면

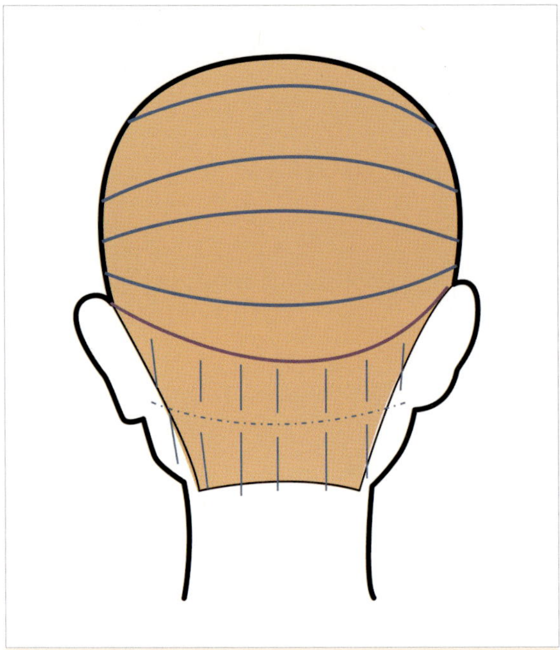

뒷면

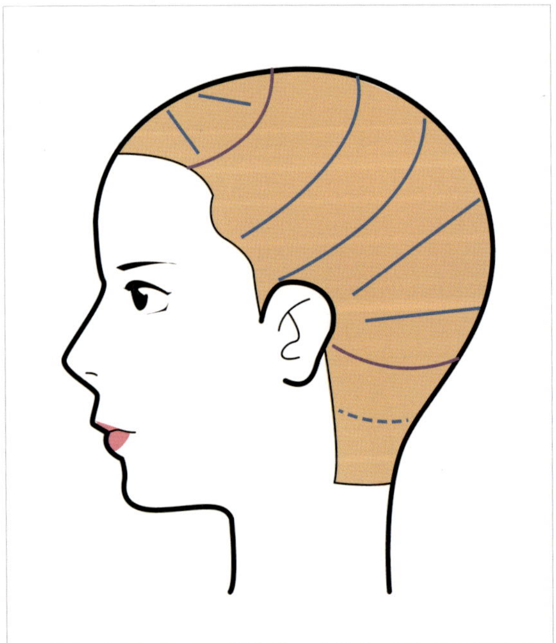

좌면

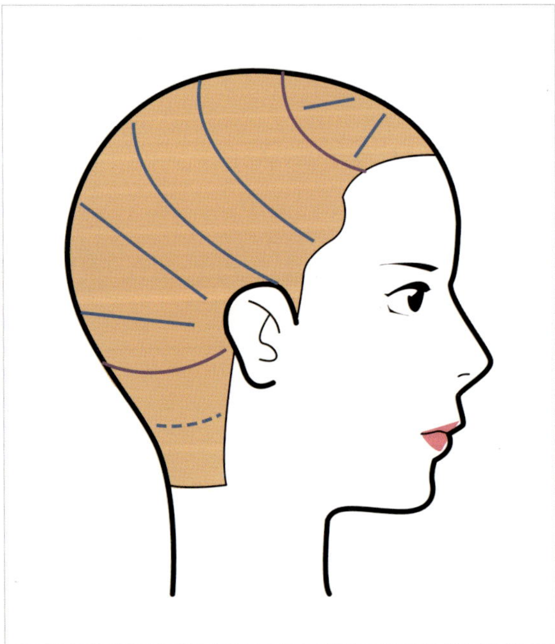

우면

4 시술 순서

① 각 시술 와인딩 기법에 따라 크게 3파팅을 한다.
먼저 전두부 원형확장을 위해 라운드 파팅을 한다. 그 다음 네이프 부분 스파이럴 와인딩할 부분을 파팅한다.

② 원형확장 와인딩 할 부분에 웨이브에 의한 섹션 폭과 로드를 선정한다.

③ 원형확장 와인딩 방향을 정한 후 와인딩을 시작한다.

④ 원형확장 와인딩 다음으로 벽돌쌓기 와인딩을 하는데 정중선을 기준으로 와인딩을 시작한다.

⑤ B.P 포인트 선까지 벽돌쌓기 와인딩을 한다.

⑥ 네이프 부분은 다시 수평으로 1/2 파팅을 한다.

⑦ 스파이럴 와인딩 시 아랫단부터 로드와 시작 방향, 섹션폭을 고려하여 와인딩한다.

⑧ 윗단 역시 아랫단과 동일한 방법으로 와인딩을 마무리한다.

5 시술 사진

01 파팅 앞 모습

02 파팅 옆 모습

03 파팅 뒷 모습

04 파팅 윗 모습

05 원형확장 와인딩

06 옆 모습

07 벽돌쌓기 와인딩

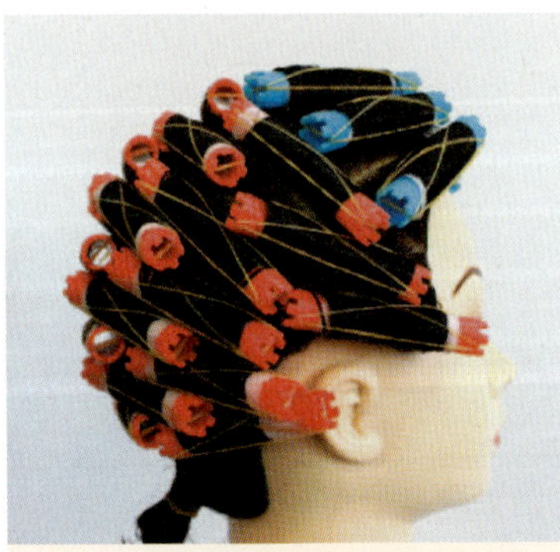
08 옆 모습

09 스파이럴 와인딩

10 완성 우측 모습

11 완성 앞 모습

12 완성 좌측 모습

6 다른 작품들

벽돌 + 스파이럴 와인딩

오브롱 + 사선 와인딩

사선 + 벽돌쌓기 와인딩

벽돌쌓기 + 기본 와인딩

기본 + 벽돌쌓기 + 세로 와인딩

10-12 롤 스트레이트 퍼머넌트 Roll straight

1 롤 스트레이트 퍼머넌트

롤을 가지고 와인딩하는 기법으로 웨이브 흐름이나 모션의 방향감을 주고자 할 때 롤 스트레이트 와인딩을 한다.

- 롤은 기본로드보다 직경이 크므로 웨이브 형성력이 떨어진다.
- 와인딩 시 머리카락과 롤의 접착력을 높이기 위해 팩을 제조하여 사용한다.
- 팩 제조는 팩(가루)과 퍼머1제(환원제)를 적당히 섞어서 제조한다.

2 사용 미용 도구

롤(대/중/소), 로드, 페이퍼, 고무줄, 꼬리빗, 위그, 마네킹, 홀더, 분무기 등
스트레이트판(모발의 길이가 길 때는 스트레이트판을 이용하기도 한다.)

3 도해도

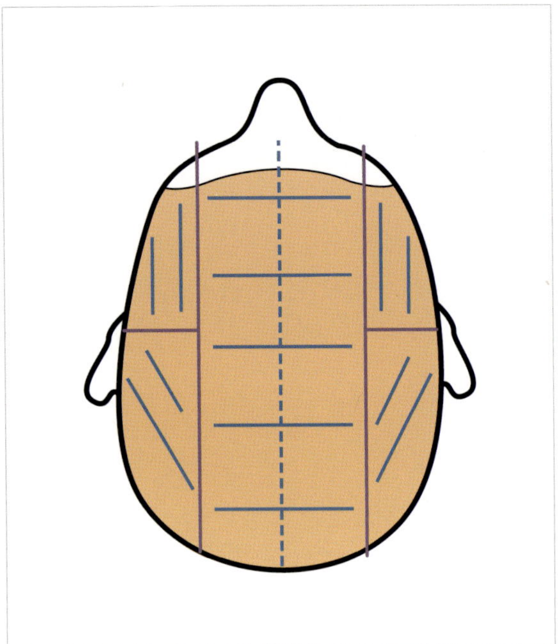
윗면

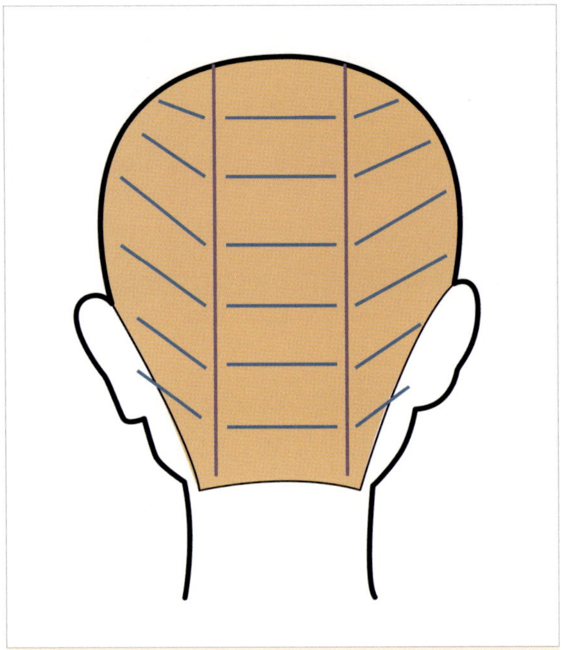
뒷면

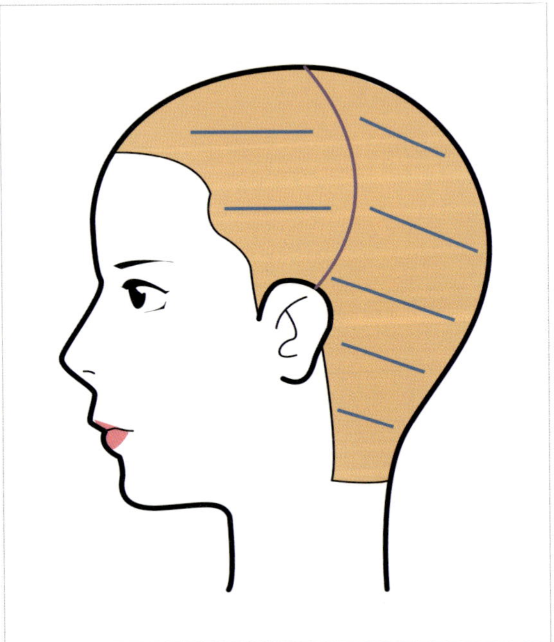
좌면

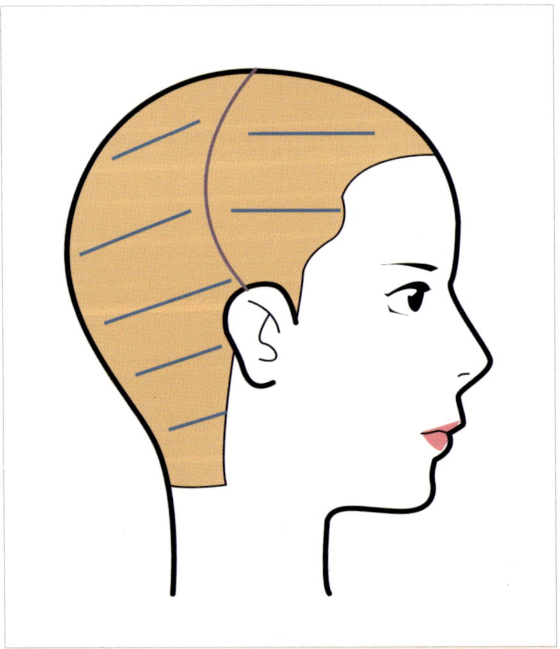
우면

4 시술 순서

① 도해도와 같이 5파팅을 한다.

② 정중선을 기준으로 전두부부터 네이프까지 롤과 로드를 사용하여 와인딩한다.
와인딩 시 스트랜드(판넬)에 적당량의 팩을 모근에서부터 모선까지 도포한다.

- 섹션 폭은 롤과 로드의 직경 등을 고려하여 나눈다.
- 롤과 로드 선정은 웨이브를 고려하여 선정한다.
- 와인딩 전에 팩을 먼저 제조한다.

③ 중앙부위가 끝났으면 후두부 우측을 와인딩한다.

④ 후두부 좌측을 와인딩한다.

⑤ 우측 사이드를 와인딩한다.

⑥ 좌측 사이드를 와인딩한다.

5 시술 사진

01 파팅 중앙 모습

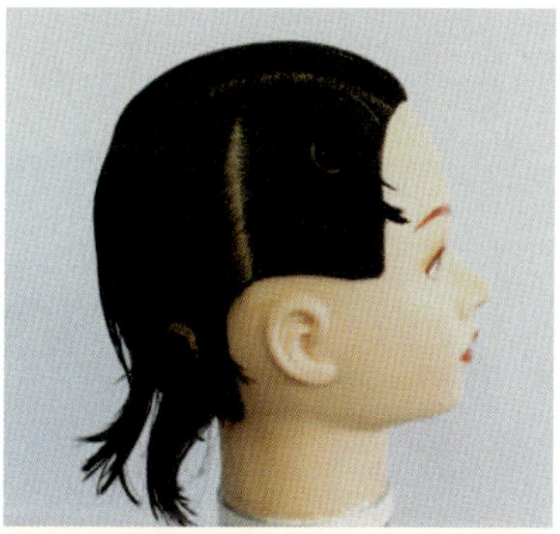
02 파팅 우측 모습

03 파팅 앞 모습

04 파팅 윗 모습

05 중앙부위 와인딩

06 우측 모습

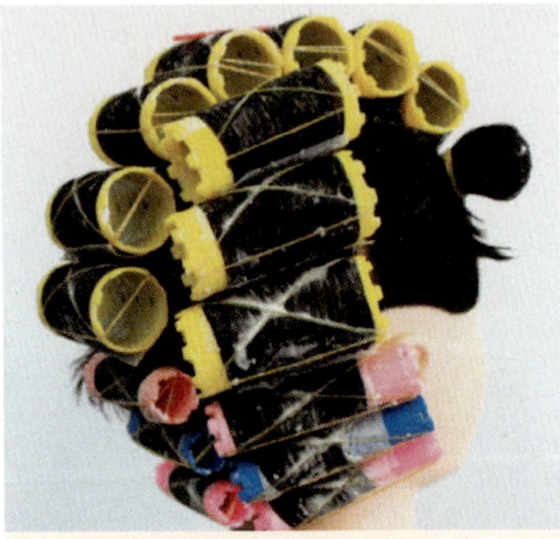

07 후두부 우측 와인딩

08 후두부 좌측 와인딩

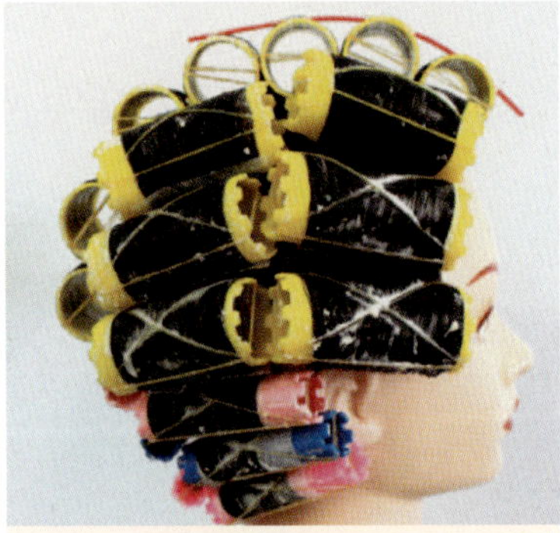

09 우측 사이드 와인딩

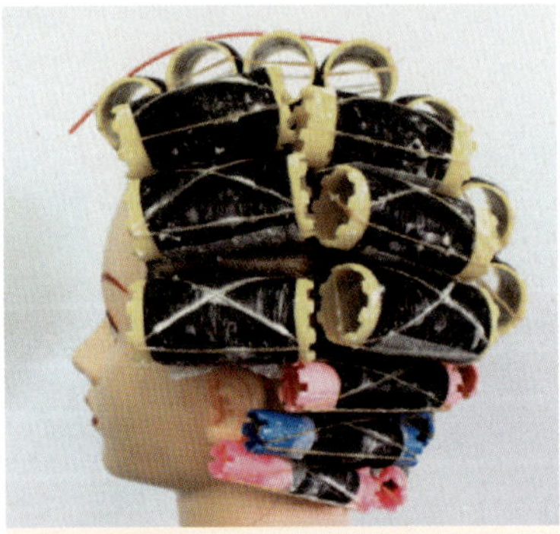

10 좌측 사이드 와인딩

11 완성 앞 모습

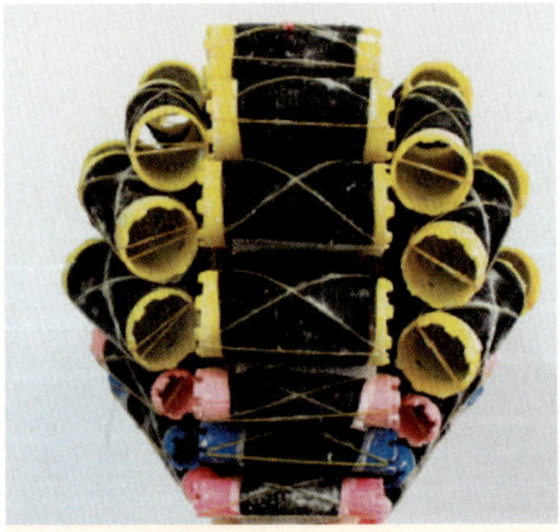

12 완성 뒷 모습

13 완성 윗 모습

6 스트레이트판 이용한 롤 스트레이트

01 완성 뒷 모습

02 완성 우측 모습

03 완성 앞 모습

04 완성 좌측 모습

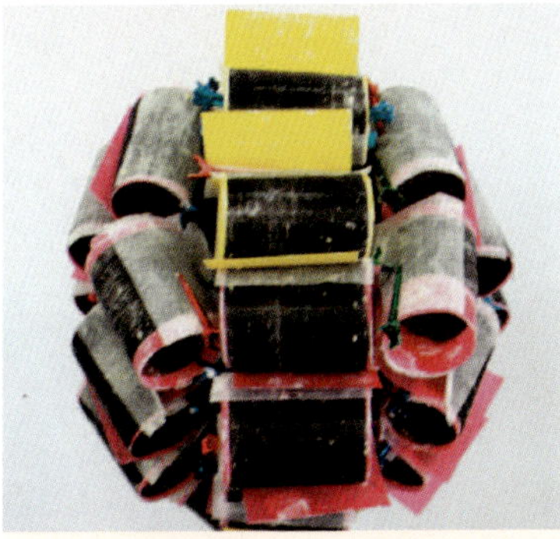

05 완성 윗 모습

10-13 스트레이트 퍼머넌트 웨이브 Straight Permanent wave

1 스트레이트 퍼머넌트 웨이브

스트레이트 퍼머넌트 웨이브는 축모, 파상모발을 스트레이트판을 이용하여 직모로 변형시키는 퍼머넌트 기법이다. 또는 퍼머넌트 시술로 웨이브 된 모발을 직모로 변화시킬 때 하는 시술이다.
2000년대에 들어와서는 매직기, 아이론 등의 열기구들의 등장으로 실제 미용실에서 시술되는 경우는 줄어들었다.

2 사용 미용 도구

스트레이트판, 페이퍼, 고무줄, 꼬리빗, 위그, 마네킹, 홀더, 분무기 등

3 도해도

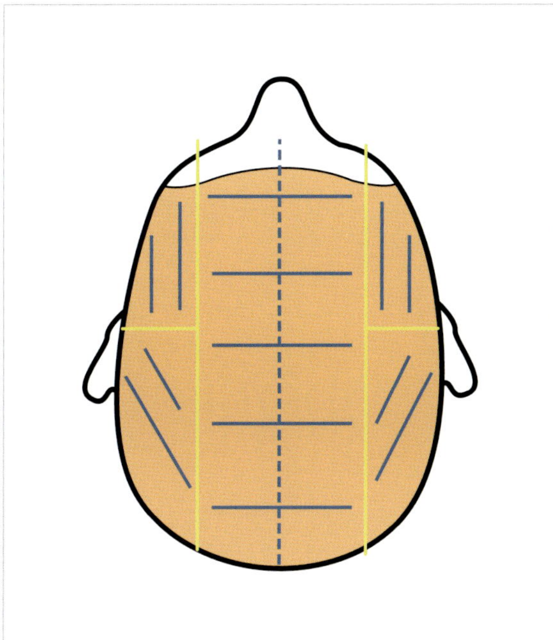

윗면

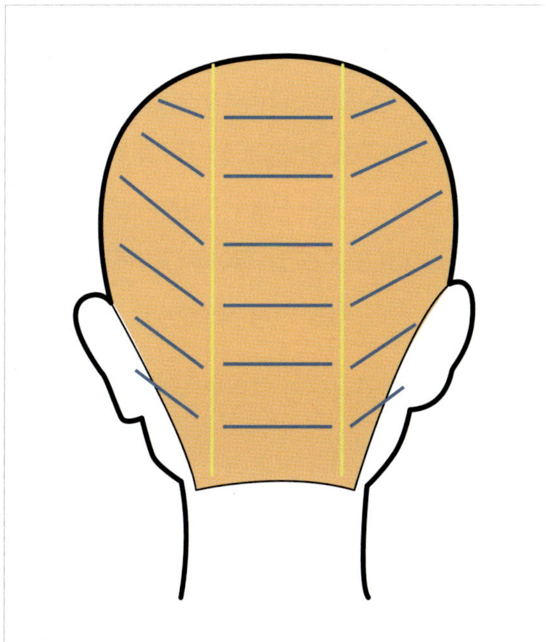

뒷면

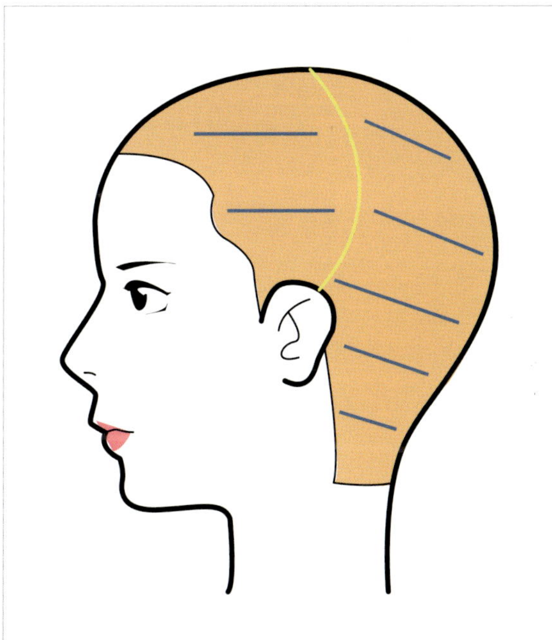

좌면

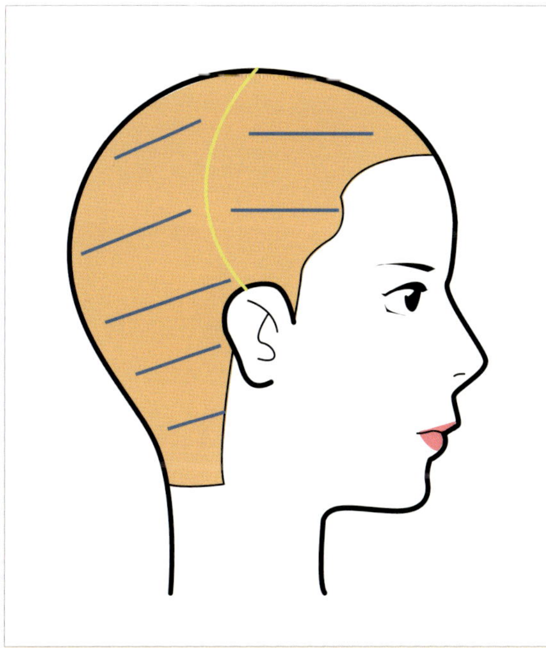

우면

4 시술 순서

① 도해도와 같이 5파팅을 한다.

② 정중선을 기준으로 전두부부터 네이프까지 스트레이트판을 사용하여 시술한다.
시술 시 스트랜드(판넬)에 적당량의 팩을 모근에서부터 모선까지 도포한다.

- 섹션 폭은 1~2cm 전후로 모발이 스트레이트판에 잘 접착되어 원하는 직모가 될 수 있도록 한다.
- 스트레이트판은 모발 길이를 고려하여 선택한다.
- 와인딩 전에 팩을 먼저 제조한다.

③ 중앙 부위가 끝났으면 후두부 우측을 시술한다.

④ 후두부 좌측을 시술한다.

⑤ 우측 사이드를 시술한다.

⑥ 좌측 사이드를 시술한다.

QR 스트레이트 퍼머넌트 웨이브

5 시술 사진

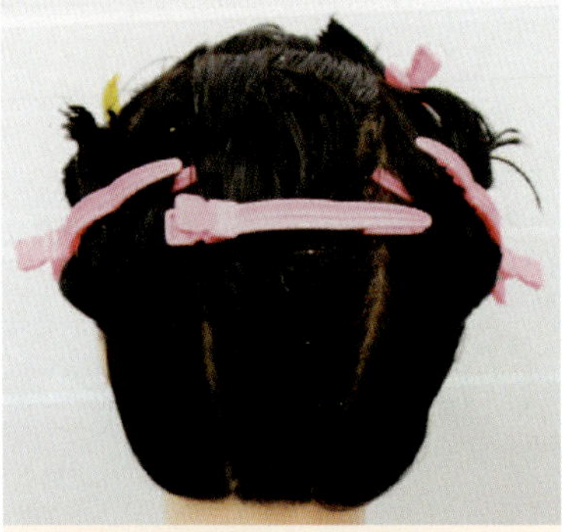

01 파팅 뒷 모습

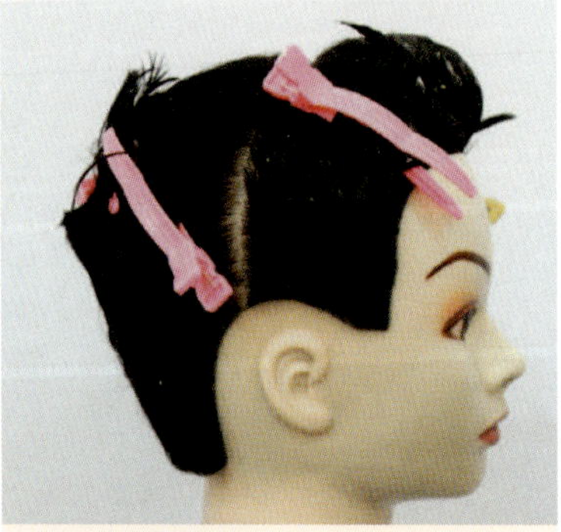

02 파팅 옆 모습

03 파팅 앞 모습

04 파팅 윗 모습

05 중앙부위 시술

06 후두부 우측 시술

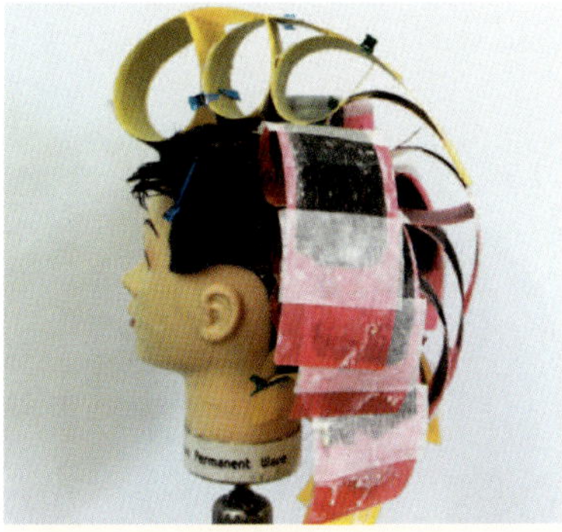
07 후두부 좌측 시술

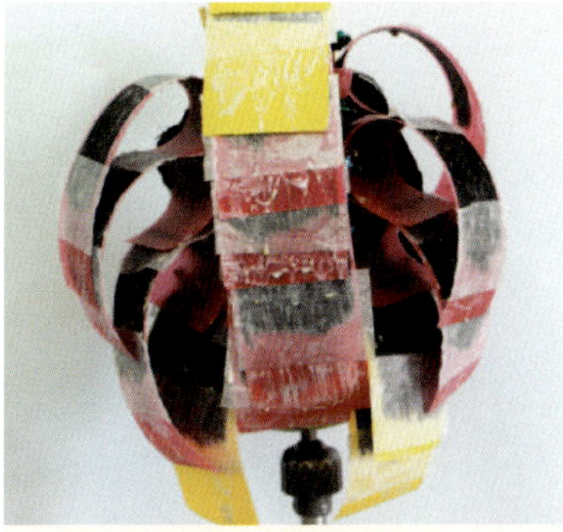
08 뒷 모습

09 우측사이드 시술

10 좌측사이드 시술

11 앞 모습

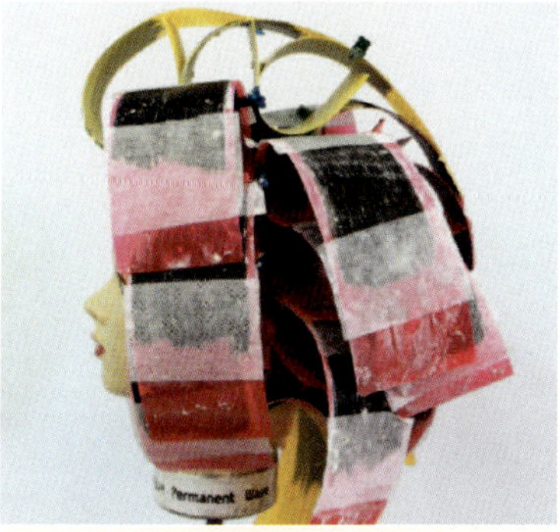
12 완성 좌측 모습

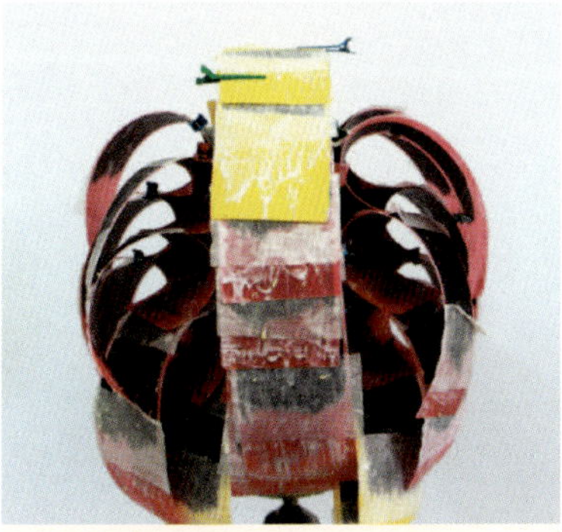
13 완성 뒷 모습

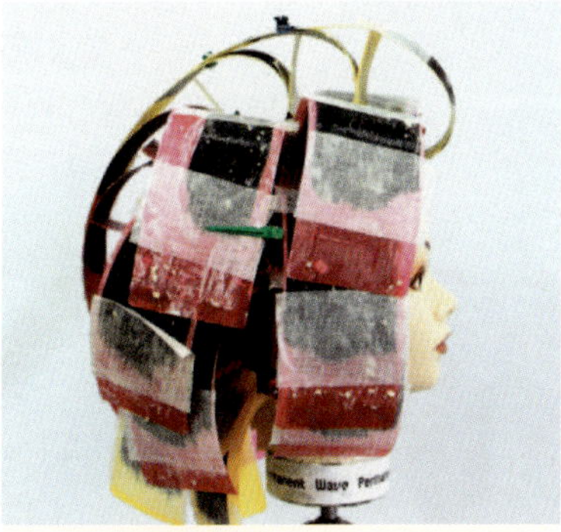
14 완성 우측 모습

15 완성 앞 모습

10-14 인덴테이션 와인딩 Indentation winding

1 인덴테이션 와인딩

거꾸로, 반대 방향으로 스트랜드(판넬)의 위쪽 로드를 대고 시술하는 와인딩 방법으로 모근쪽이 눌려 두피에 볼륨이 형성되지 않는 겉마름 효과를 얻는다.

2 사용 미용 도구

기본로드, 페이퍼, 고무줄, 꼬리빗, 위그, 마네킹, 홀더, 분무기 등

3 도해도

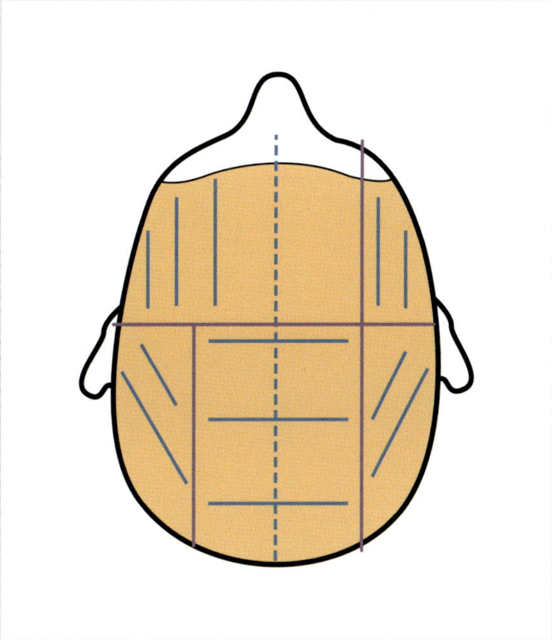

윗면

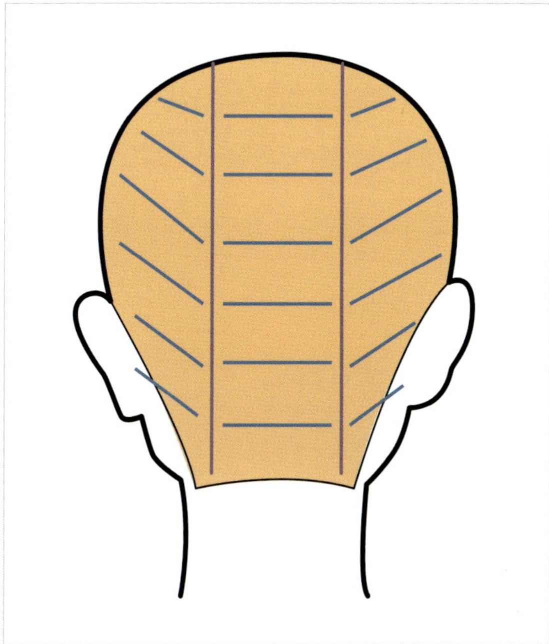

뒷면

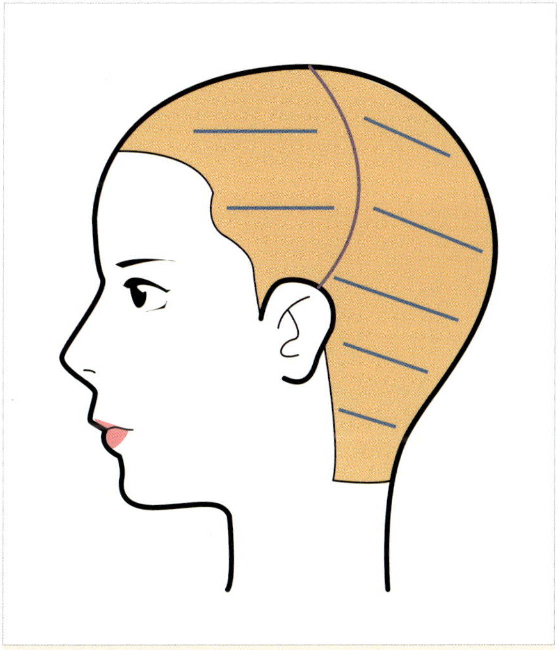

좌면

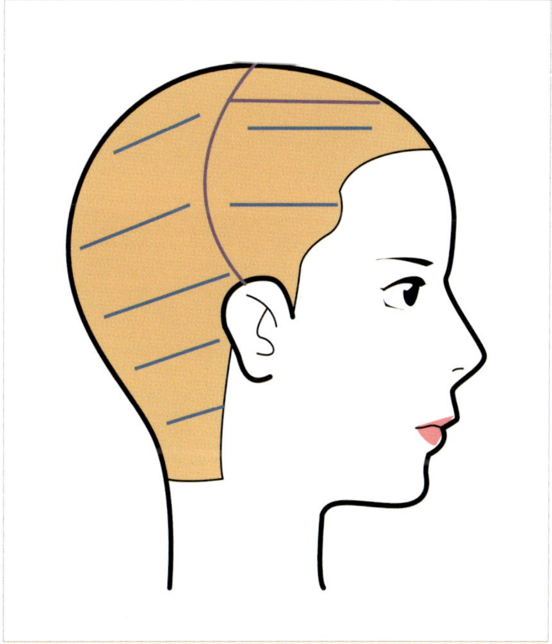

우면

4 시술 순서

① 도해도와 같이 5파팅을 한다.

② 정중선을 기준으로 후두부 중앙부터 네이프까지 로드를 선정하여 인덴테이션 기법으로 시술한다.

- 섹션 폭은 1~2cm 전후로 디자인과 로드의 크기에 따라 잘 나눈다.

③ 중앙 부위가 끝났으면 후두부 우측을 시술한다.

④ 후두부 좌측을 시술한다.

⑤ 우측 사이드를 시술한다.

⑥ 좌측 사이드를 시술한다.

QR 인덴테이션 와인딩

5 시술 사진

01 파팅 앞 모습

02 파팅 뒷 모습

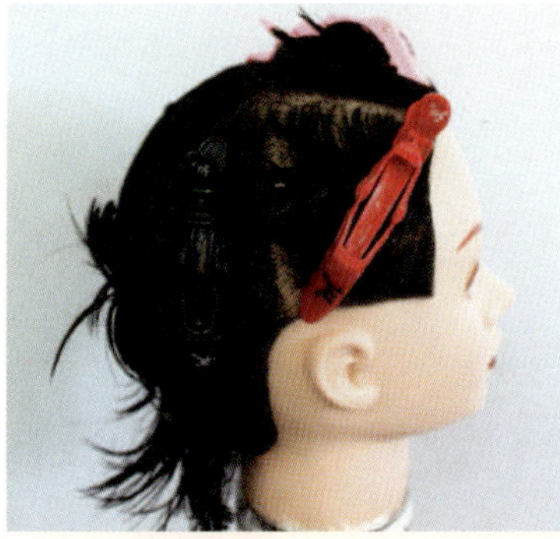
03 파팅 옆 모습

04 후두부 중앙 와인딩

05 후두부 우측 와인딩

06 후두부 좌측 와인딩

07 우측사이드 와인딩

08 좌측사이드 와인딩

09 완성 앞 모습

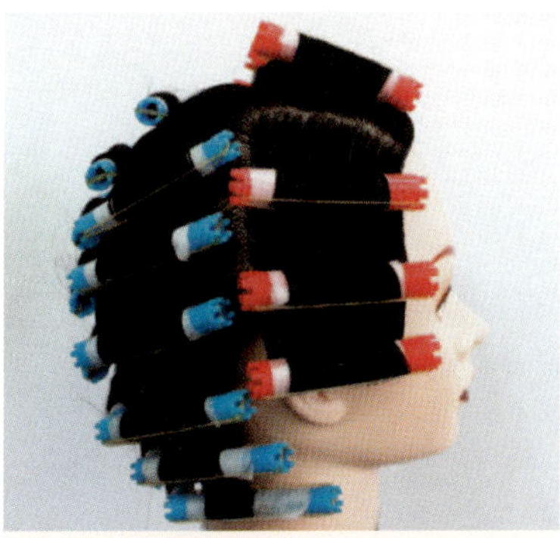
10 완성 우측 모습

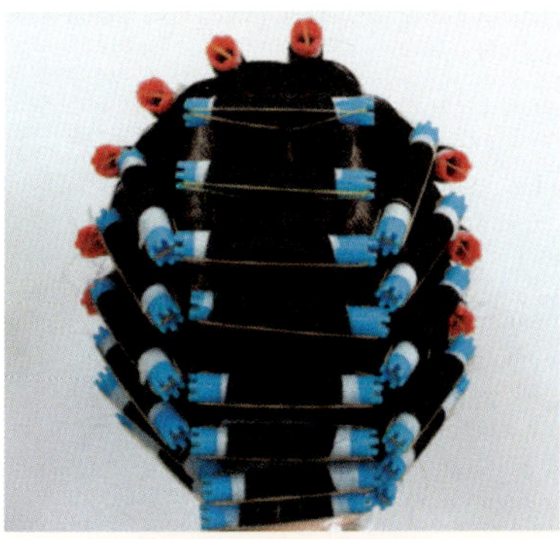
11 완성 뒷 모습

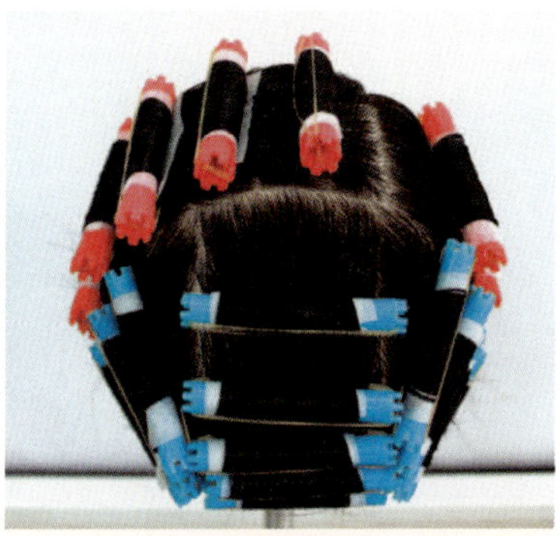
12 완성 윗 모습

10-15 포일 퍼머넌트 와인딩 Foil permanent winding

1 포일 퍼머넌트 와인딩

포일 퍼머는 말 그대로 쿠킹포일을 이용한 퍼머이다. 일명 폭탄머리. 삐죽삐죽 부스스한 머리로 머리길이가 4cm 이상이면 시술이 가능하다. 포일 퍼머를 '스핀포일 퍼머'라고도 한다.

여성들도 하지만 모발손상이 있으므로 모발이 긴 여성은 피하는 게 좋다.

포일 펌은 모발길이에 맞게 적당한 크기의 포일을 사용하여 모발을 꼬아 시술하는 것이다.

포일 퍼머는 웨이브(컬)가 불규칙적으로 표현되어 컬이 강하지 않아 자연스런 표현이 가능하다. 또한 시술 후 왁스 등의 제품으로 스타일 연출이 쉽다.

2 사용 미용 도구

포일, 꼬리빗, 위그, 마네킹, 홀더, 분무기 등

포일

3 도해도

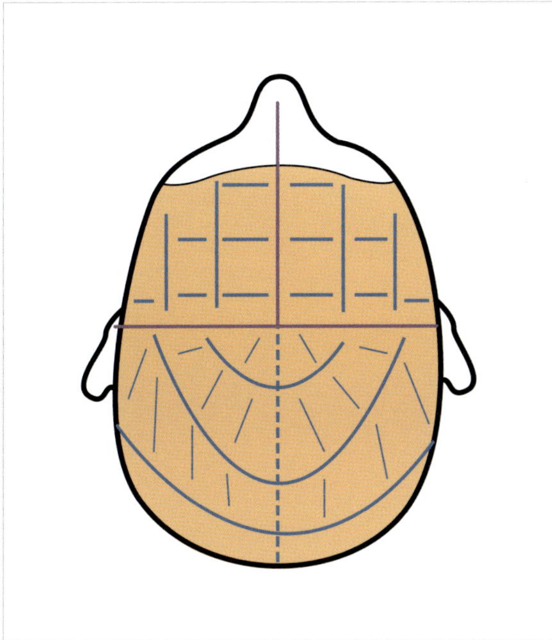

윗 면

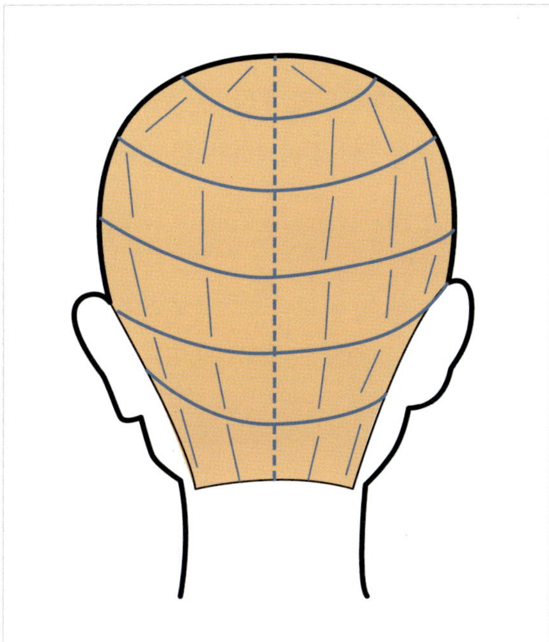

뒷 면

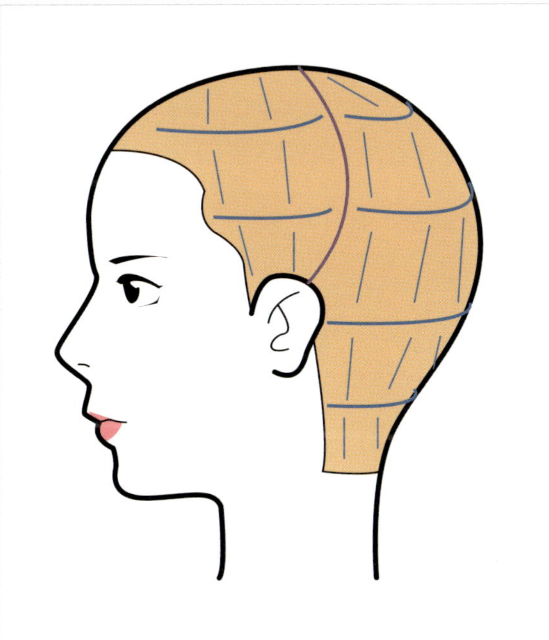

좌 면

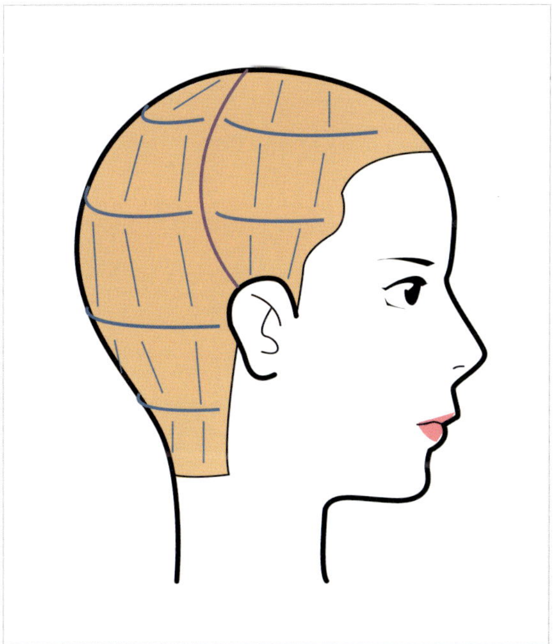

우 면

4 시술 순서

① 5파팅을 한다.

② 후두부 중앙부분부터 수평 라운드 파팅한다.

- 파팅 폭은 머리길이, 웨이브를 고려하여 폭을 정한다.

③ 정중선을 기준으로 가로, 세로 2cm 베이스를 나눈다.

④ 미리 준비해 둔 포일 스트랜드로 모발을 감싼다.

- 두피 각도 90°로 포일을 세운다.

⑤ 컬을 고려하여 한 방향으로 꼬아 돌린다.

⑥ 같은 섹션 좌·우로 시술한다.

⑦ 네이프까지 동일한 방법으로 시술한다.

⑧ 우측 사이드 정중선을 기준으로 수평 파팅한다.

⑨ 동일한 방법으로 시술한다.

⑩ 좌측 사이드 우측과 동일한 방법으로 시술한다.

QR 포일 퍼머넌트 웨이브 와인딩

5 시술 사진

01 파팅 앞 모습

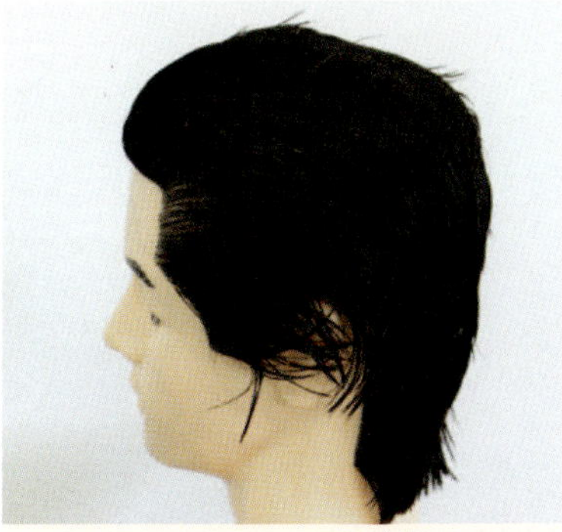
02 파팅 옆 모습

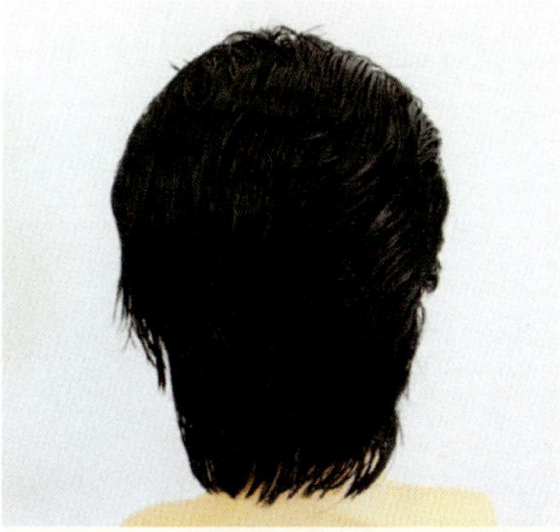
03 파팅 뒷 모습

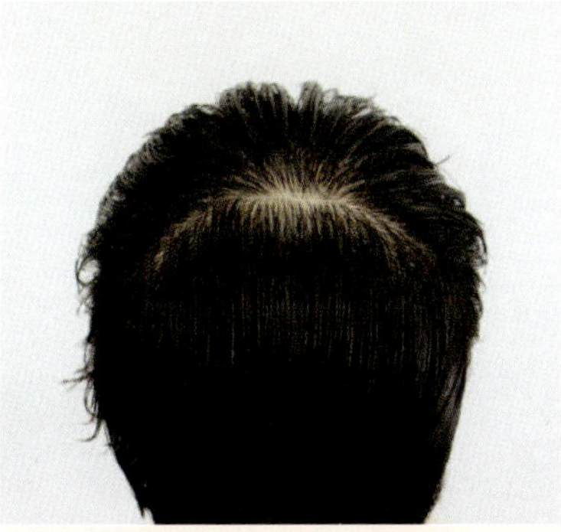
04 파팅 윗 모습

05 수평 파팅 후 시술

06 둘째 단 시술

07 후두부 시술

08 옆 모습

09 우측사이드 수평 파팅

10 우측사이드 시술

11 우측 옆 모습

12 뒷 모습

13 완성 우측 모습

14 완성 앞 모습

15 완성 윗 모습

16 포일아웃 앞 모습

17 포일아웃 옆 모습

18 포일아웃 뒷 모습

10-16 특수로드를 이용한 퍼머넌트 와인딩

1 발롱 퍼머넌트 와인딩

발롱 퍼머넌트는 특수한 굵은 로드를 이용하여 와인딩함으로써 물 흐르는 듯한 탄력 있는 웨이브를 연출하기 위한 퍼머넌트이다. 웨이브(컬)의 굵기를 굵게 하거나 물결처럼 내리는 웨이브가 최근 발롱퍼머 헤어의 트렌드이다. 샴푸 후 스타일을 낼 때 손질이 쉬운 퍼머넌트 중의 하나이다. 주로 단발머리에 도도하고 세련된 이미지를 원할 때 시술하면 예쁜 스타일을 얻을 수 있다.

2 사용 미용 도구

특수로드, 페이퍼, 고무줄, 꼬리빗, 위그, 마네킹, 홀더, 분무기 등

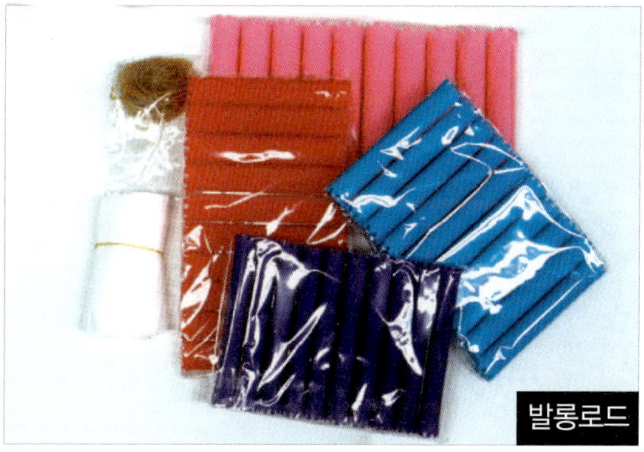

발롱로드

3 도해도

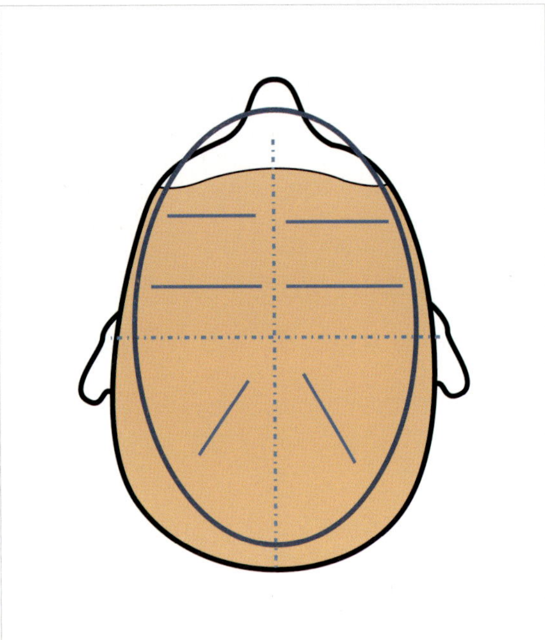

윗면

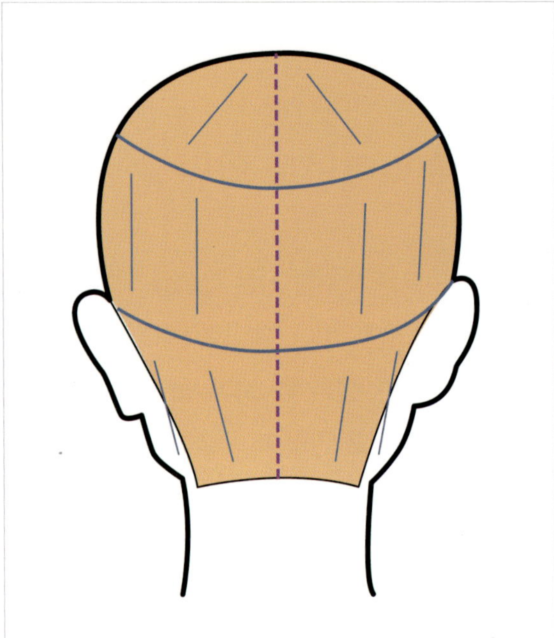

뒷면

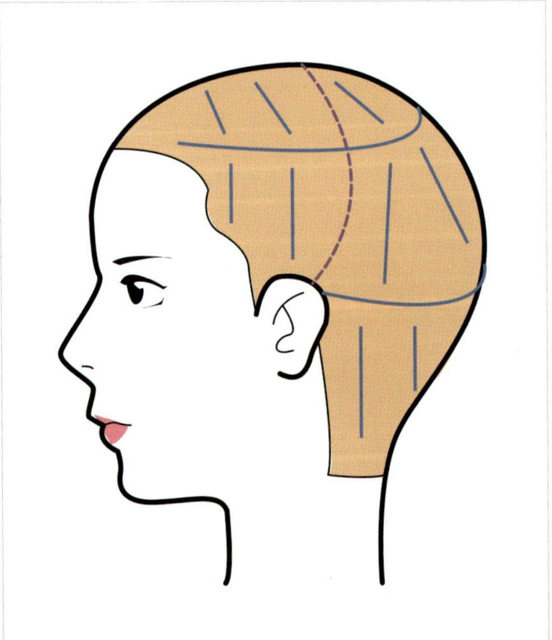

좌면

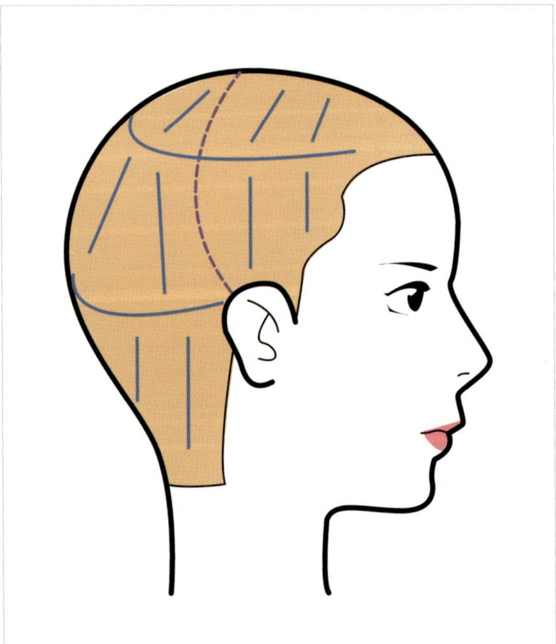

우면

4 시술 순서

① 수평으로 크게 3파팅을 한다.

② 네이프 부분부터 로드를 선정하고 로드 폭에 맞게 베이스 폭을 나눈다.

• 와인딩 방향을 정하여 시술한다.

③ 첫 단의 와인딩이 끝나면 둘째 단 파팅부분에서 와인딩을 시작한다.
좌·우 와인딩을 마무리한다.

④ 마지막 세 번째 단은 세로 베이스와 삼각형 베이스로 나누어 와인딩한다.

5 시술 사진

01 첫 단 파팅

02 와인딩 시술

03 첫단 와인딩 모습

04 둘째 단 파팅

05 옆 모습

06 둘째 단 와인딩 시술

07 둘째 단 옆 모습

08 둘째 단 옆 모습

09 확대 모습

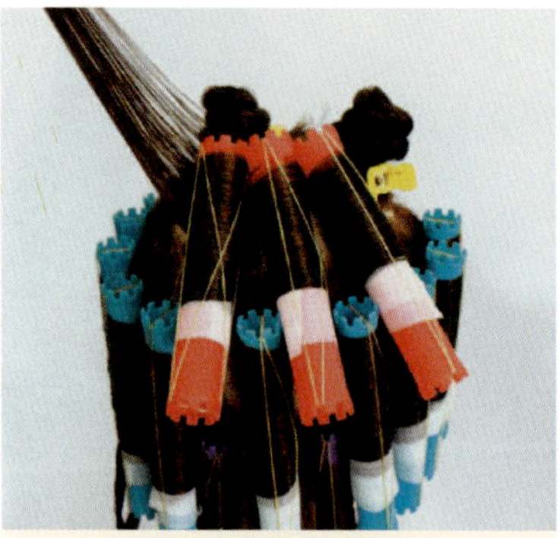

10 중앙 후두부 와인딩

11 우측사이드 파팅

12 완성 앞 모습

13 완성 옆 모습

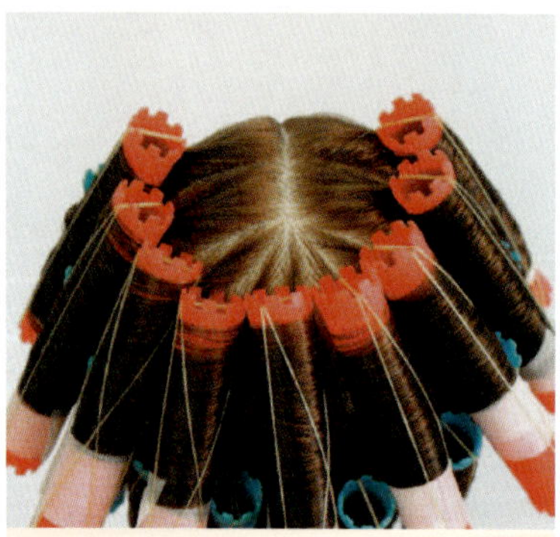

14 완성 윗 모습

15 로드 아웃 컬 형태

10-17 위빙 퍼머넌트 웨이브 Weaving permanent wave

1 위빙 퍼머넌트 웨이브

일대일(1 : 1) 퍼머라고도 하는 위빙 퍼머넌트는 일부분만 퍼머(하나 건너 와인딩)를 하고 나머지 섹션은 퍼머를 하지 않고 남겨두는 것으로 복합적인 질감으로 인해 자연스러운 형태와 탄력이 생긴다. 웨이브 사이사이에 생머리를 남겨 자연스러움을 연출하는 스타일이다. 단발머리에 주로 사용하고 머리숱이 많은 경우 모발의 부피감을 줄일 수 있는 장점이 있다.

엮은 베이스

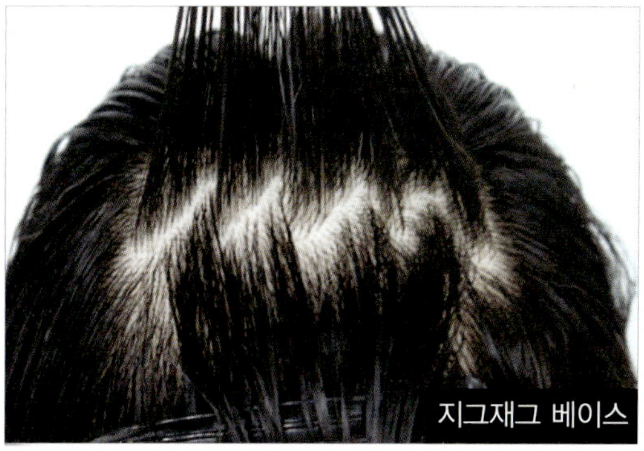
지그재그 베이스

2 사용 미용 도구

기본로드, 페이퍼, 고무줄, 꼬리빗, 위그, 마네킹, 홀더, 분무기 등

3 도해도

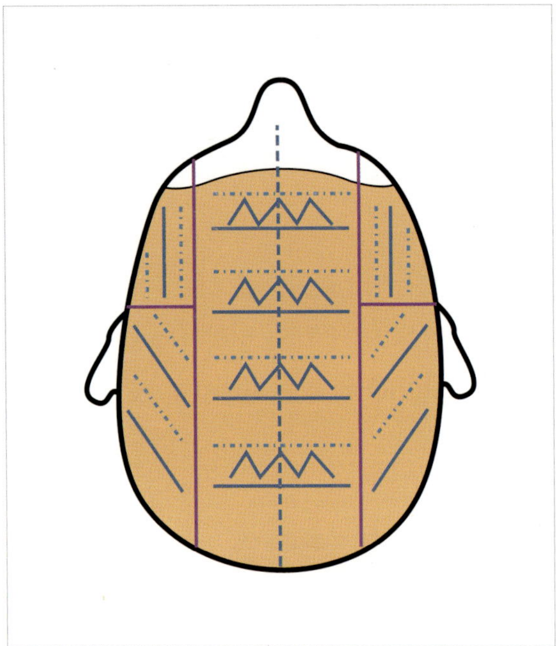

윗면

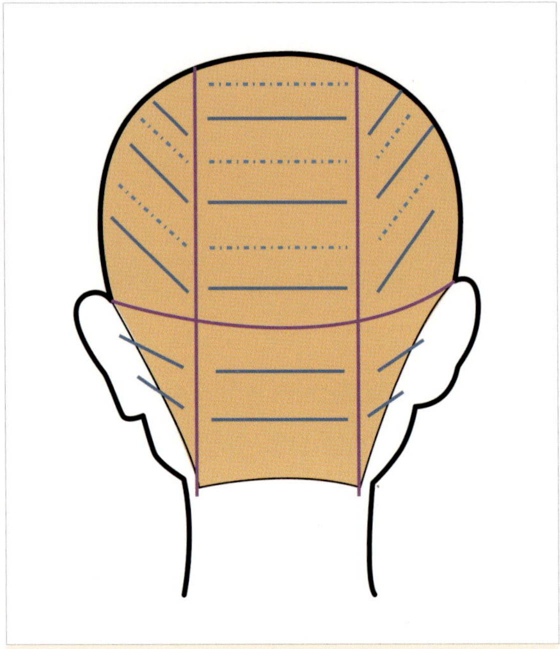

뒷면

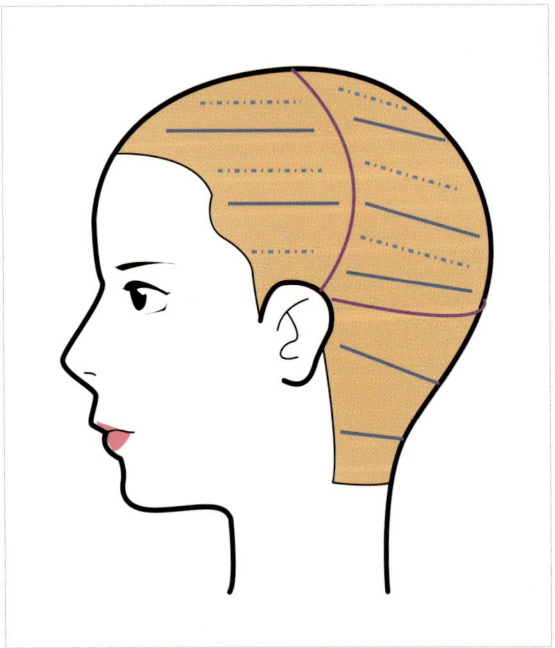

좌면

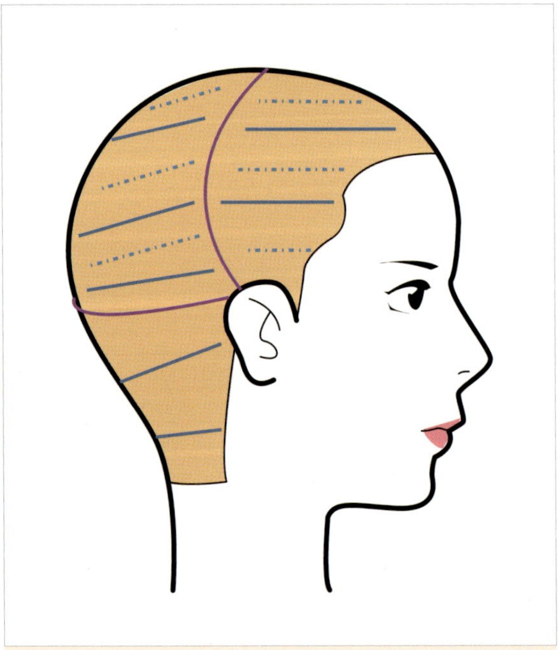

우면

4 시술 순서

① 기본 5파팅을 한다.

② 정중선을 기준으로 전두부에서 백 포인트 부분까지 와인딩한다.
이때 한 베이스를 나눈 후 그 베이스를 다시 1/2로 나누는데, 엮은 베이스 또는 지그재그 베이스로 나눈다.

③ 나눈 베이스 한 면을 로드를 이용하여 와인딩한다.

④ 나머지 베이스 모발을 그냥 와인딩하지 않고 남겨 둔다.

⑤ 다음 베이스 역시 첫 베이스와 동일하게 위빙 와인딩을 하며 백 포인트 부분까지 시술한다.

⑥ 후두부 우측을 와인딩한다.

⑦ 후두부 좌측을 와인딩한다.

⑧ 우측 사이드 와인딩한다.

⑨ 좌측 사이드 와인딩한다.

⑩ 네이프 부분은 굵은 로드를 이용하여 기본 와인딩한다.
- 스타일에 따라 네이프 부분은 위빙피머를 하지 않을 수 있다.

5 시술 사진

01 파팅 모습

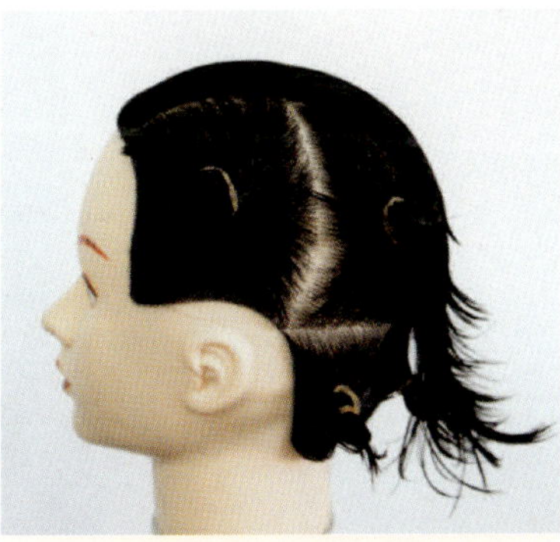
02 파팅 옆 모습

03 파팅 뒷 모습

04 정중앙 위빙퍼머 시술

05 옆 모습

06 우측 위빙퍼머 시술

07 좌측 위빙퍼머시술

08 위빙 앞 모습

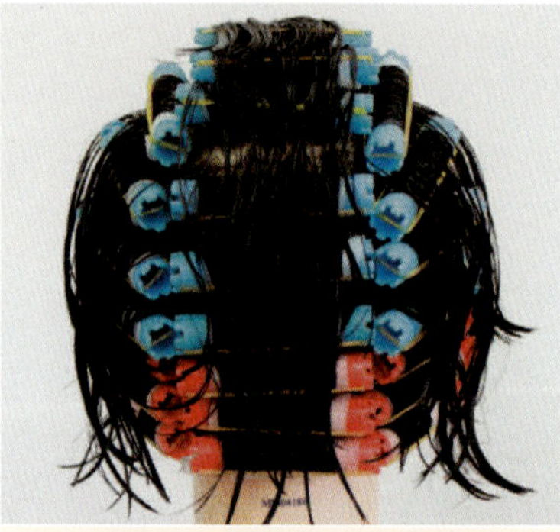
09 네이프 부분 시술

10 완성 옆 모습

11 완성 앞 모습

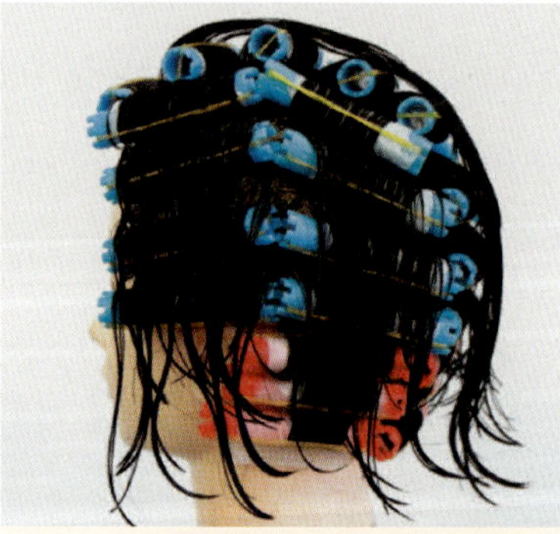
12 완성 좌측 모습

13 완성 뒷 모습

6 엮은 베이스에 의한 위빙 퍼머넌트

엮은 형 베이스는 보통 방향의 변화와 질감 변화 사이에서 사용된다.
엮은 베이스는 한 면은 와인딩, 나머지 면은 그대로 남겨 둔다.

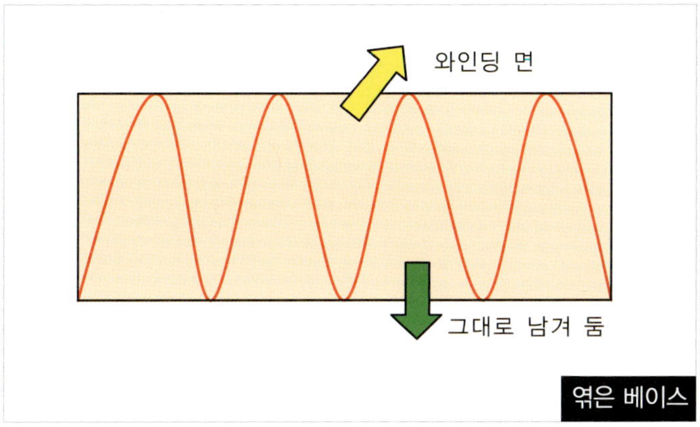

QR 엮은 베이스

1) 시술사진

01 파팅 중앙 모습

02 중앙부위 와인딩

03 옆 모습

04 후두부 우측 와인딩

05 후두부 좌측 와인딩

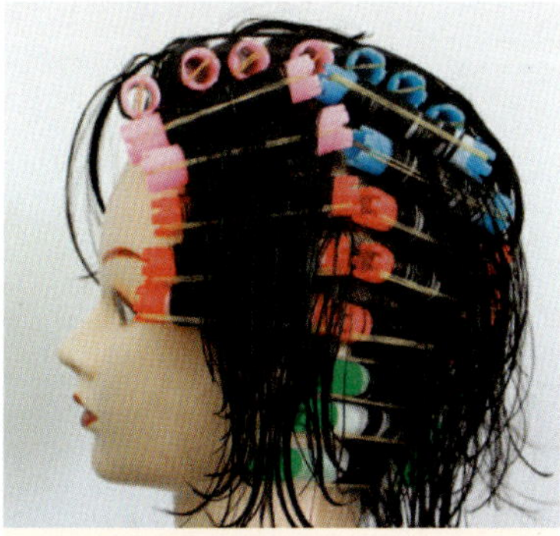
06 완성 좌측 모습

07 완성 뒷 모습

08 완성 앞 모습

09 완성 우측 모습

10 완성 윗 모습

7 지그재그 베이스에 의한 위빙 퍼머넌트

한 베이스를 지그재그로 나누는데 1/2, 1/3의 깊이까지 나눈다.

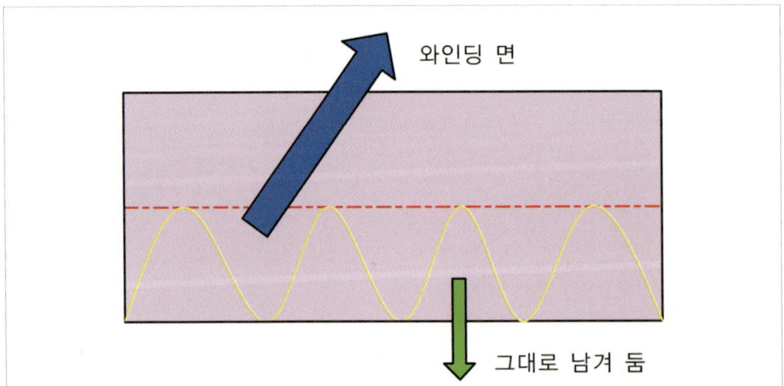

지그재그 베이스

QR 지그재그베이스

QR 지그재그베이스 1

1) 시술사진

01 파팅 중앙 모습

02 파팅 옆 모습

03 정중앙 와인딩

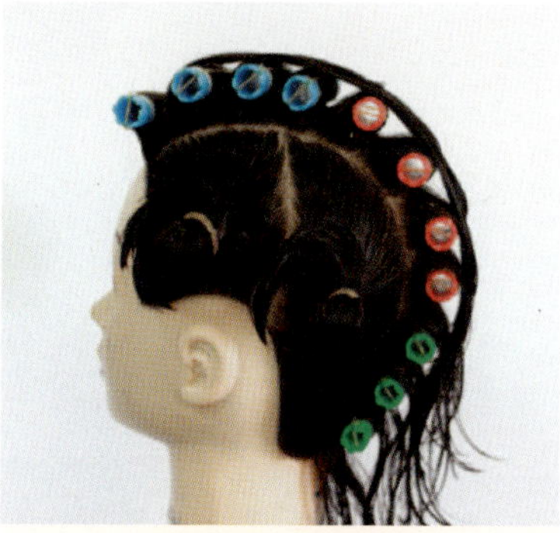

04 와인딩 옆 모습

05 와인딩 뒷 모습

06 후두부 우측 와인딩

07 후두부 좌측 와인딩

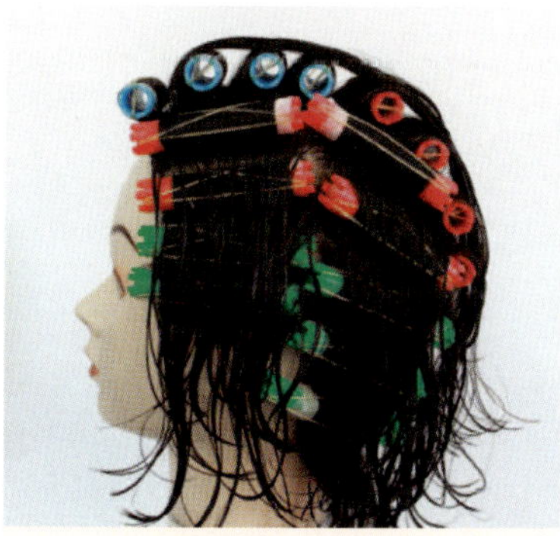

08 완성 좌측 모습

09 완성 앞 모습

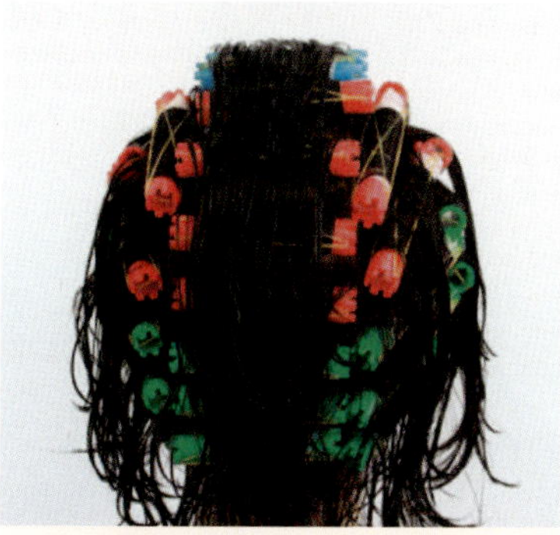

10 완성 뒷 모습

11 완성 우측 모습

11 CHAPTER

열 퍼머넌트 웨이브

Permanent Wave

열 퍼머넌트는 세팅 퍼머, 디지털 퍼머, 볼륨 매직 퍼머, 아이론 퍼머 등 퍼머제를 도포해서 모발을 연화시켜 열을 가해서 단백질 변성을 통해 컬을 형성한다거나 스트레이트로 펴는 퍼머넌트를 말한다.

11-1 세팅 퍼머넌트 웨이브 Setting permanent wave

1 특징

일반 퍼머와 드라이로 연출한 웨이브의 중간 형태의 머리 모양을 연출할 수 있고 긴 머리에 세팅퍼머를 하면 우아하고 세련된 느낌을 준다. 완성된 웨이브는 큰 웨이브에 강한 터치가 일반 로드 퍼머에서 형성할 수 없는 웨이브를 얻을 수 있다. 주로 약품을 이용하여 모발을 연화시켜 열을 가해서 단백질 변성을 통해 컬을 형성한다. 기존 퍼머에 비하여 웨이브가 탄력있고 오래가는 것이 장점이다. 그러나 머리 뿌리 부분까지 웨이브를 줄 수 없고 머리카락이 일정 길이 이상 되어야 가능한 것이 단점이다. 고열과 약품을 이용하기 때문에 손상된 머릿결을 보호하기 위하여 트리트먼트를 사용하는 것이 좋다. 퍼머 시간의 단축과 큰 웨이브 연출이 가능하다.

세팅 펌의 온도는 120~180℃ 정도에서 컬이 형성되고, 온도가 높아 컬의 형성력에는 도움이 되지만 모발손상도 있다. 주로 긴 머리에 많이 시술한다.

1) 퍼머원리

퍼머 1액(환원제)이 모발의 케라틴 분자의 시스틴 결합을 환원 절단하여 퍼머 2액(산화제)으로 산화과정에 따라 시스틴 결합이 다시 재결합 되는 화학반응 원리이다.

2) 모발의 결합

세팅 열 퍼머는 일반 로드 퍼머와 다르게 시스틴 결합, 염 결합뿐만 아니라 수소 결합에 의한 퍼머이다. 수소 결합은 산소와 수소의 서로 당기는 힘에 의한 결합이다. 모발에 수분을 가해주면 단절되고 수분을 제거하면 다시 결합하는 것을 말한다.

3) 세팅 퍼머 시 적당한 수분량

세팅 열 퍼머 시 모발 내 수분량은 절대적으로 필요하고 약 20~30%가 적당하다. 수분량이 너무 많으면 케라틴이 감소되어 단백질 변성이 일어나고 너무 적으면 수소 결합에 의한 컬 형성력이 떨어진다.

4) 트리트먼트제

모발 내 함유한 수분 20~30%가 자연 증발하는 것을 방지하고 트리트먼트 효과를 주기 위함이다. 너무 많은 양을 도포하면 퍼머제 침투 등 화학적 반응에 방해를 받을 수 있고 너무 적게 도포하면 모발 손상 우려가 있다.

5) 퍼머넌트제

퍼머 액은 콜드 이욕식과 가온 이온식이 있지만 세팅 열 퍼머에는 콜드 이욕식이다. 콜드 이욕식은 상온에서 화학적 반응이 일어날 수 있도록 제조되어 있어서 가온할 필요는 없으나 세팅 퍼머에 의한 컬 형성력을 높이기 위해 가온할 수 있는 세팅기를 사용한다.

2 사용 미용 도구

셋팅 퍼머로드, 페이퍼, 세팅기, 꼬리빗, 위그, 마네킹, 홀더, 분무기 등

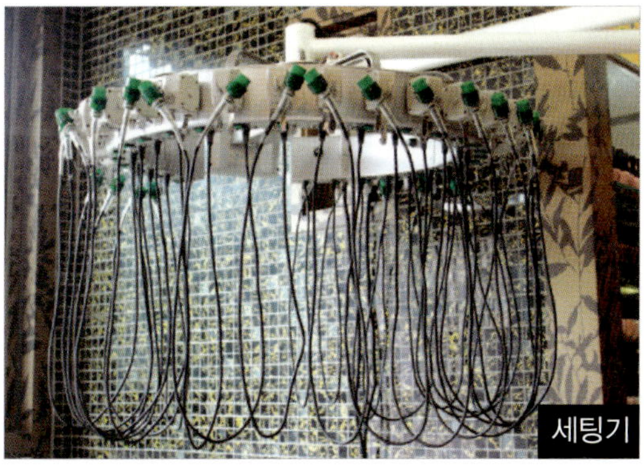
세팅기

세팅로드, 페이퍼, 클립

3 도해도

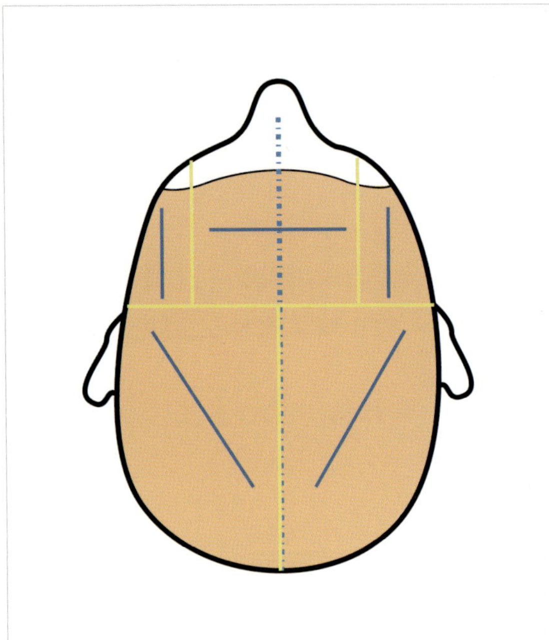

윗면

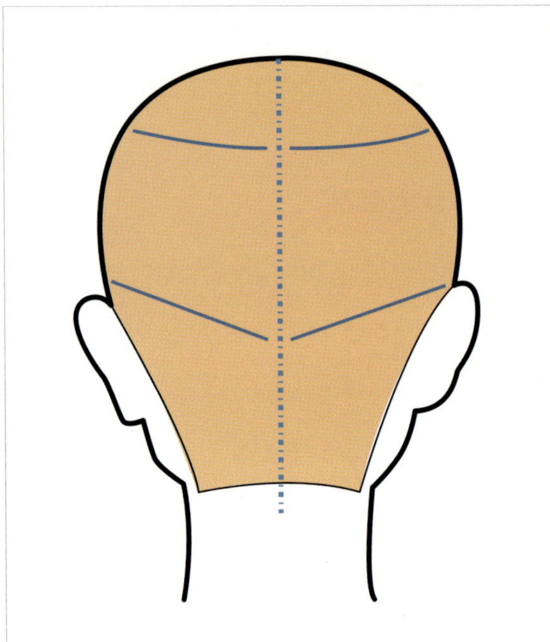

뒷면

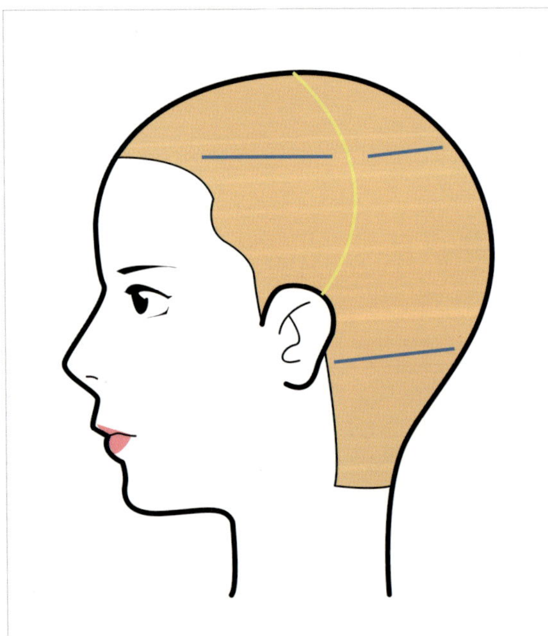

좌면

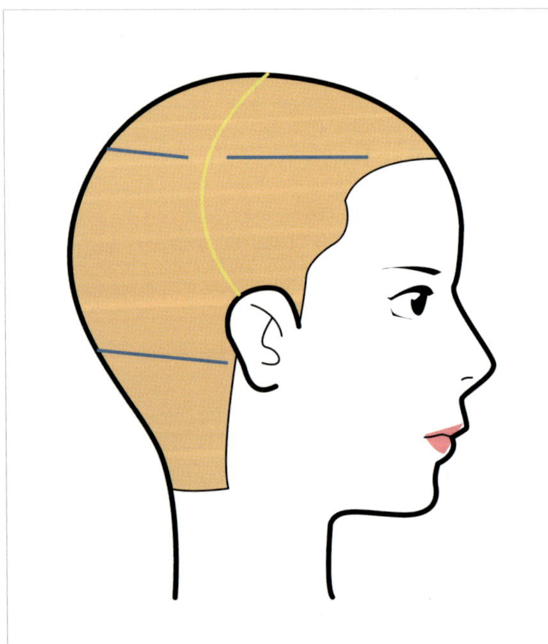

우면

4 시술 순서

① 샴푸를 한다. 시술 전에 하는 샴푸의 목적은 단순히 모발의 더러움 제거와 약액 침투를 촉진하기 위한 시술로 에센스 등 퍼머제의 침투를 방해하는 것을 제거한다.

② 드라이를 한다.

③ 트리트먼트(L.P.P, P.P.T)제를 모발 손상 방지를 위해 손상 부위에 전체적으로 도포한다.

④ 파팅을 한다.(크게 4파팅)

⑤ 1액 도포를 네이프 부분부터 섹션을 떠서 스트랜드(판넬) 전체에 고루 도포한다. 이때 모발에 수분이 남아있는 상태에서 약액을 도포한다. 모발을 완전히 건조시킨 후 약액을 도포하면 모발손상과 약액 침투가 나빠질 경우가 있다.

또한 모발손상 정도에 따라 퍼머 1제의 도포 양과 농도를 조절해야 한다.

- 코팅된 모발은 1액을 도포하여 큐티클을 열어 놓고 다시 액을 재도포한다.

⑥ 랩이나 비닐캡으로 감싼다. 약액의 공기에 의한 자연산화 방지와 두부 전체의 온도를 골고루 유지시키기 위함이다.

⑦ 방치시간은 열처리기와 자연방치를 겸할 수도 있고, 자연방치 또는 열처리만 할 수도 있다.

방치 타임은 시술자에 따라 조금씩 차이가 있을 수 있다.

- 극손상모 : 10~15분
- 손상모 : 12~18분(모발에 대한 반응이 각각 다르다.)
- 건강모 : 15~20분

⑧ 방치 타임이 끝나면 테스트를 본다.(모발을 잡아 당겨서 늘어나는 정도)

⑨ 중간세척을 한다. 미온수로 모발에 있는 약액을 없앤다.

⑩ 세척 후 드라이 시 미온수로 깨끗이 씻어낸 후 타올로 수분을 제거하되 약 20~30%의 수분을 남겨 놓는다.

⑪ 트리트먼트(P.P.T, L.P.P) 도포 : 모발 내 수분 20~30%의 자연증발 방지 및 모발의 손상방지와 트리트먼트 효과를 얻기 위함이다.

⑫ 와인딩을 위한 파팅한다.(4파팅)

⑬ 와인딩 시술 – 베이스 폭은 로드 굵기를 고려하여 나누고 C컬인 경우는 좀 더 많은 양을 잡는다.

- C컬 : 1바퀴
- S컬 : 2바퀴 이상

시술 순서는 전두부, 양측 사이드, 후두부 양측 사이드 순서로 한다.
(시술 시 필요에 의해 순서를 바꾸어도 상관없다.)

⑭ 시술을 하면서 세팅기 연결
방치시간(전원 ON)

- 극손상모 : 8~16분
- 손상모 : 12~18분
- 건강모 : 12~20분

⑮ 방치 타임이 끝나면 로드 아웃을 하고 컬 형성을 위해 핀셋으로 컬을 고정시킨다.

⑯ 모발에 따라 자연방치 타임을 둘 수 있다.

⑰ 자연방치 후 산화제를 도포한다.

- 2액 도포 – 2회 도포(5분, 5분)
- 2액은 제품별로 다르지만 과산화수소일 때는 더욱더 깨끗이 씻어내지 않으면 모발 변색 및 손상이 일어날 수 있다.

⑱ 산화제 방치 타임이 끝나면 샴푸를 한다.

⑲ 모발을 말린다.

⑳ 마무리 손질

- 컬 전용 로션을 발라서 따뜻한 바람과 찬바람을 번갈아가면서 말려준다.
- 드라이 할 때는 원하는 방향으로 앞, 뒤쪽 어느 한 방향으로 손가락을 이용하여 돌돌 말아서 말리면 된다.
- 좀 더 자연스러운 컬을 원하면 돌돌 말지 않고 그냥 웨이브 상태로 말리면 된다.
- 모발보호를 위해 에센스나 소프트왁스 등으로 마무리한다.

와인딩 끝난 상태

01 파팅 뒷 모습

02 파팅 옆 모습

03 베이스(판넬) 나눈 모습

04 페이퍼 고정

05 양 면 페이퍼 고정

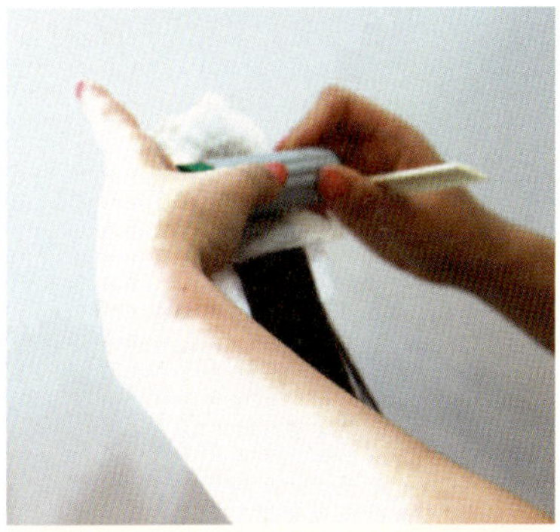
06 로드 선정 와인딩

07 모선 꺾이지 않게 정리

08 텐션주면서 와인딩

09 모발보호 페이퍼 고정

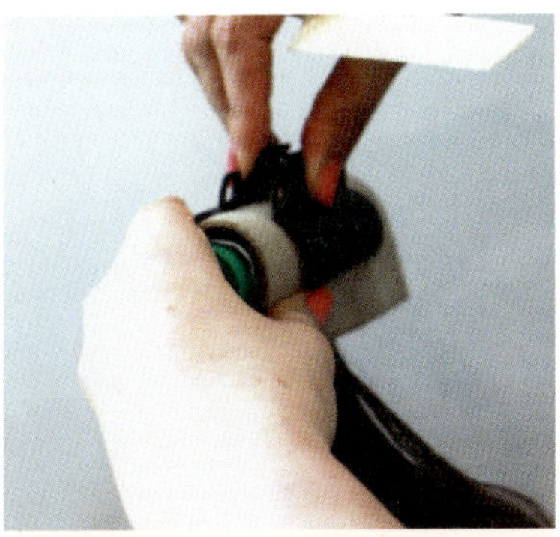
10 클립 고정

11 세팅기 연결

12 위치 고정

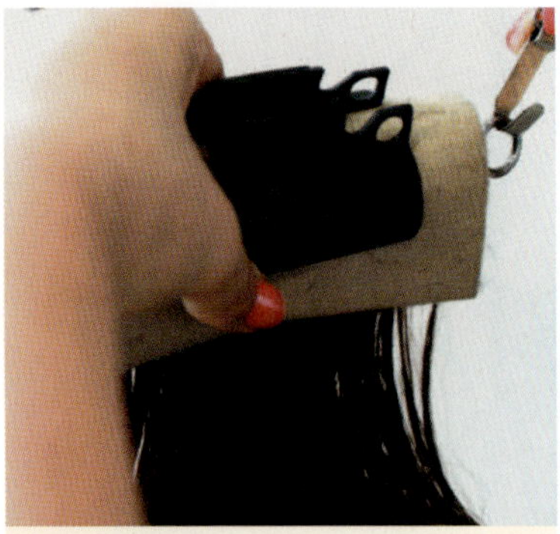

13 위치 고정

QR 세팅펌 약도포

QR 마무리 스타일하기

QR 세팅펌 시술

5 시술 사진

01 시술 전 모습

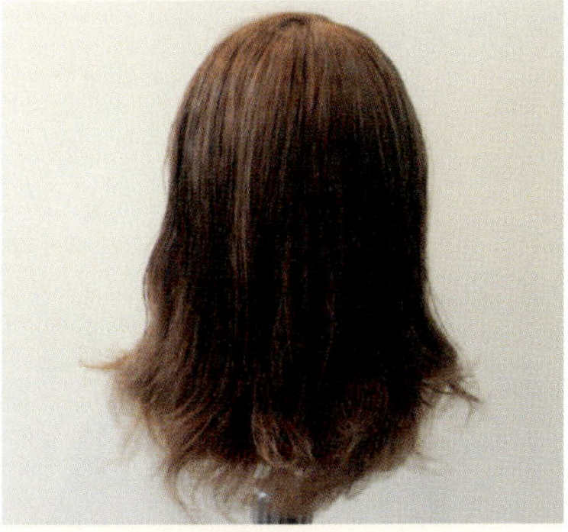
02 시술 전 모습

03 트리트먼트제 도포

04 트리트먼트제 도포

05 퍼머제 도포위한 파팅

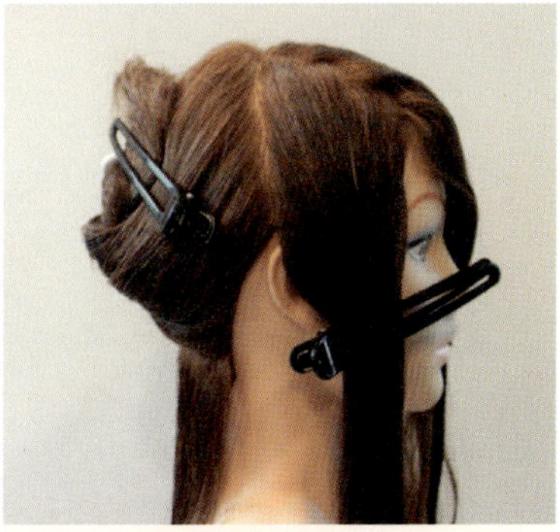
06 옆 모습

07 앞 모습

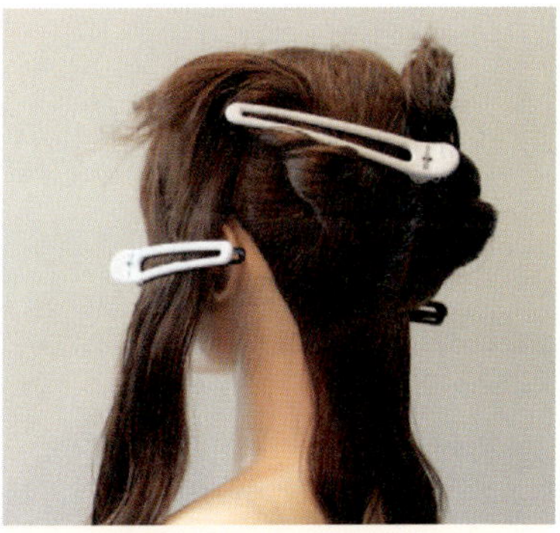
08 옆 모습

09 퍼머1제 도포

10 두 번째 섹션 도포

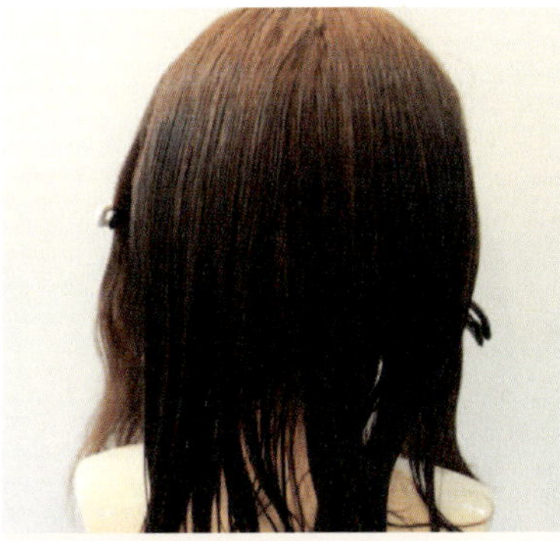
11 후두부 1제 도포 끝

12 우측 1제 도포

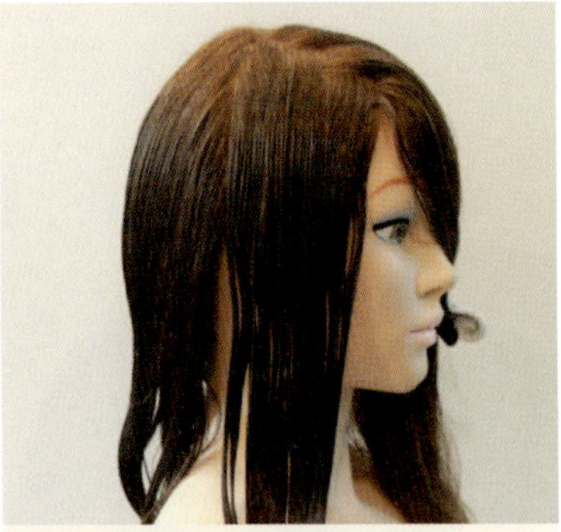

13 우측 1제 도포 끝

14 좌측 1제 도포

15 좌측 도포 끝

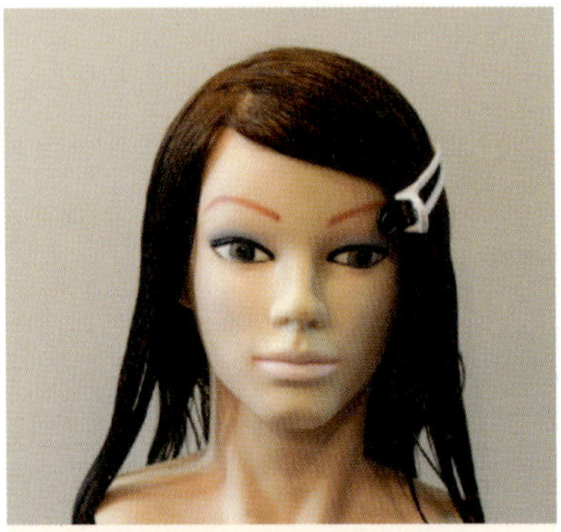

16 전체 1제 도포 끝

17 열처리를 위한 두피 볼륨 살리기

18 좌측 사이드 볼륨

19 앞 모습

20 우측 볼륨

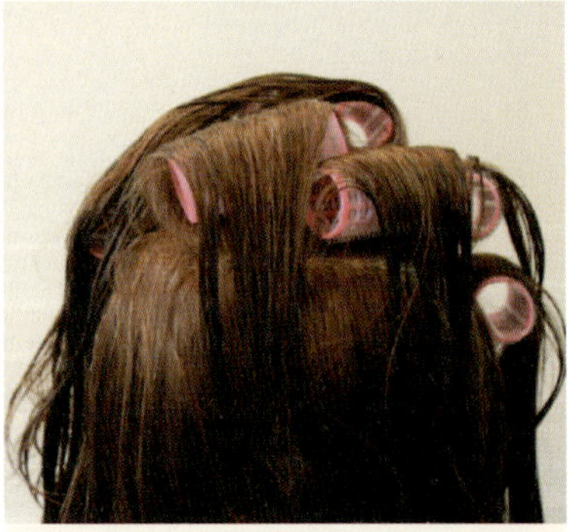

21 탑, 크라운부분 볼륨

22 랩으로 두상 감싸기

23 옆 모습

24 열처리 10분 정도

25 자연방치 10분 정도

26 테스트

27 랩, 롤 아웃

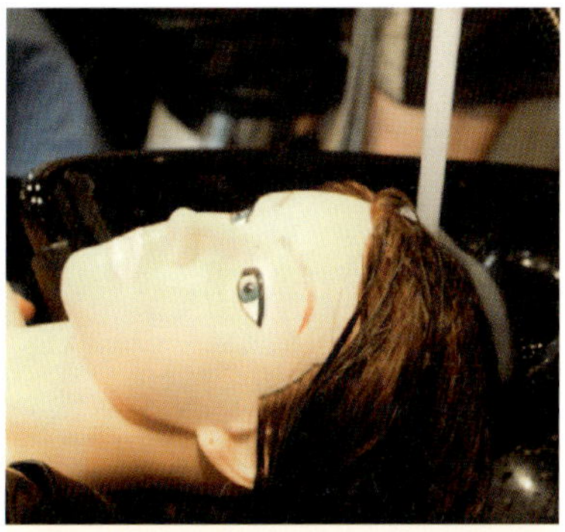
28 퍼머 1제 세척

29 드라이

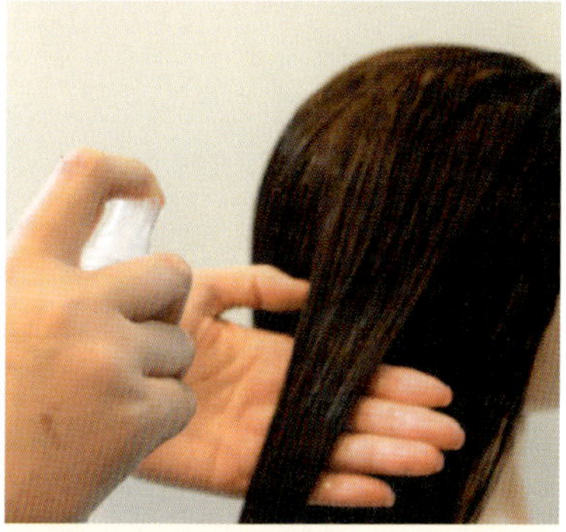
30 트리트먼트 도포(PPT)

31 적당한 수분량 유지

32 와인딩 위한 파팅

33 파팅 옆 모습

34 파팅 앞 모습

35 파팅 윗 모습

36 베이스(판넬) 나눔

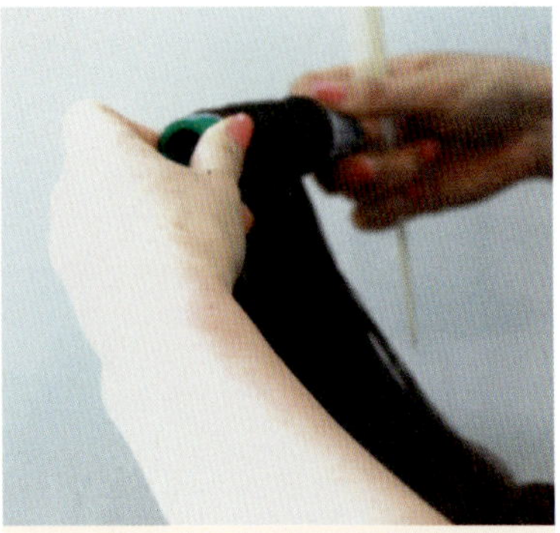
37 와인딩

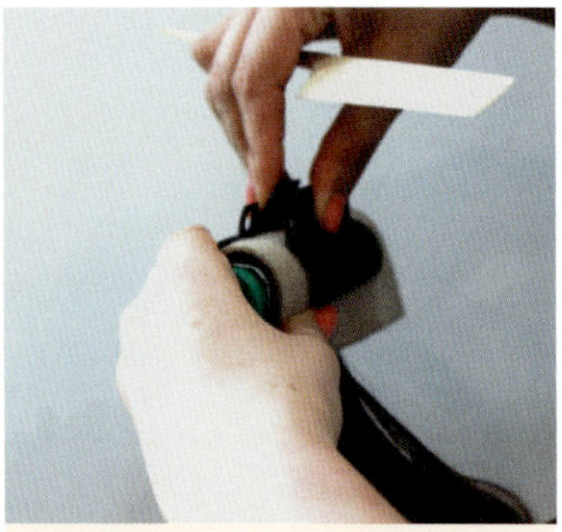
38 클립 고정

39 세팅기 연결

40 고정

41 고정

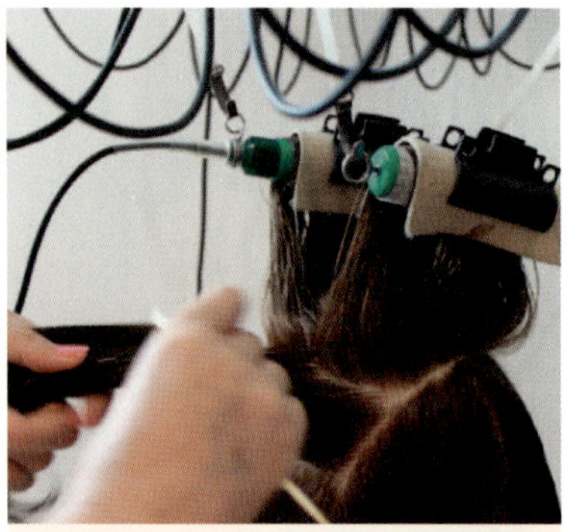
42 와인딩 진행

43 좌측 와인딩(페이퍼)

44 좌측 와인딩(로드)

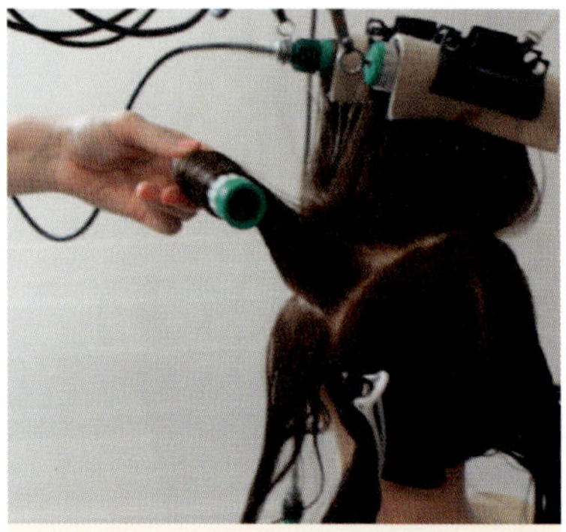
45 좌측 와인딩

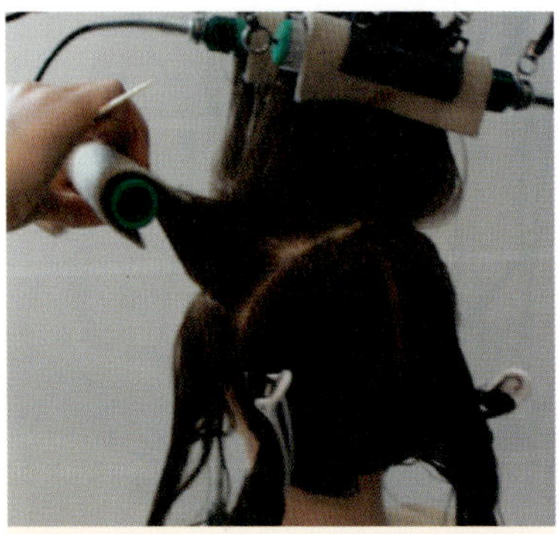
46 페이퍼 고정

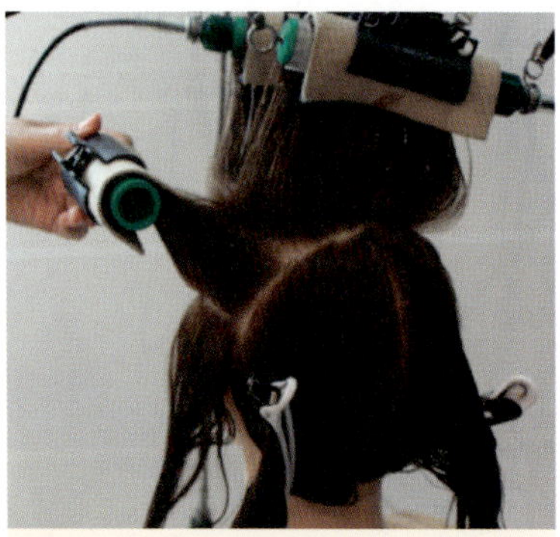
47 클립 고정

48 세팅기 연결

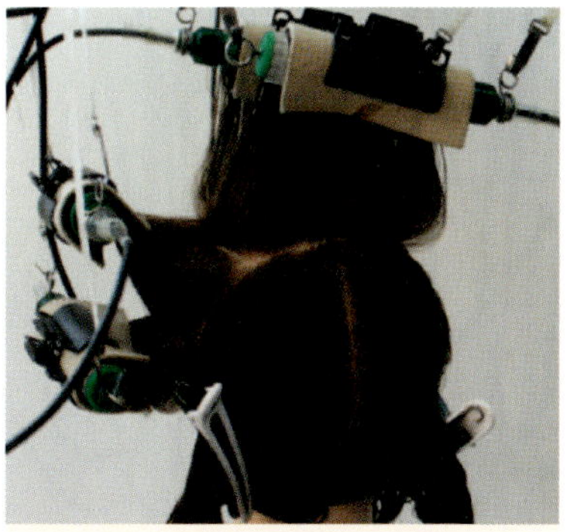
49 좌측 와인딩

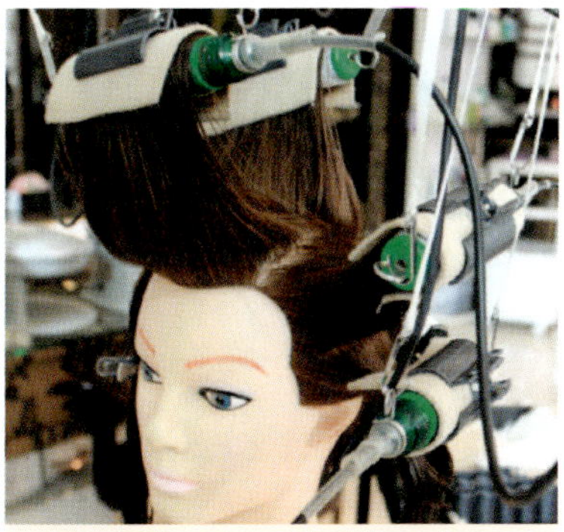
50 앞 모습

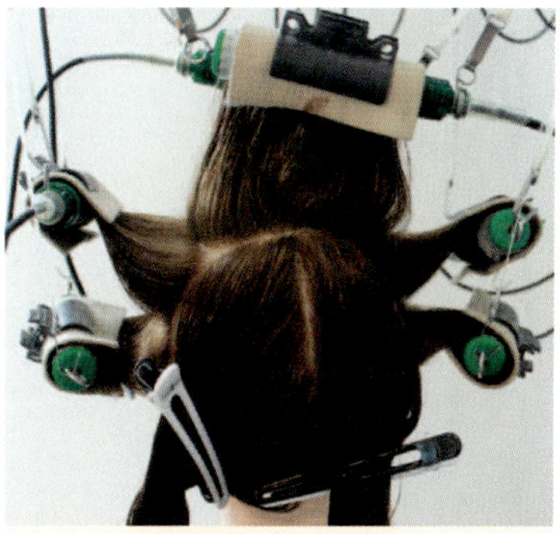
51 우측 와인딩

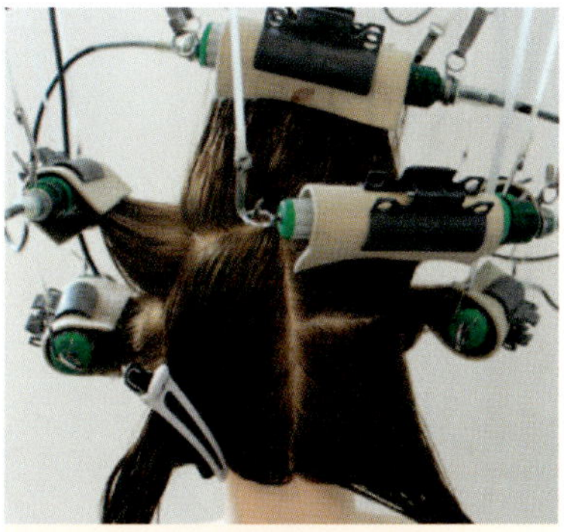
52 후두부 우측 와인딩

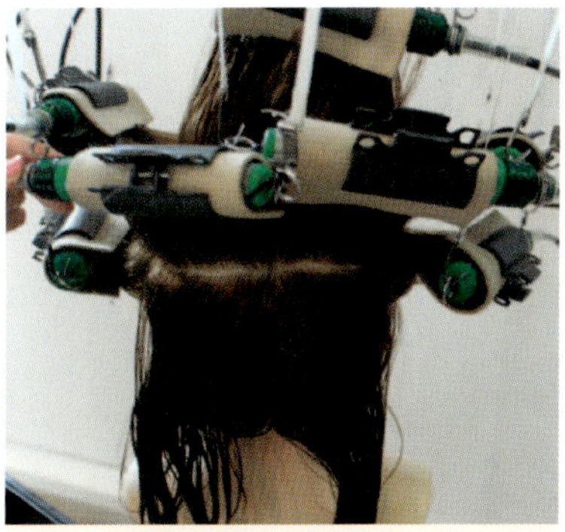
53 후두부 좌측 와인딩

54 좌측 와인딩 진행

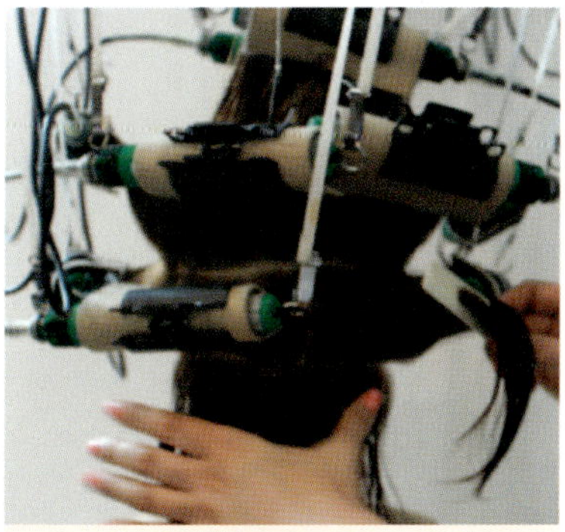
55 우측 와인딩 진행

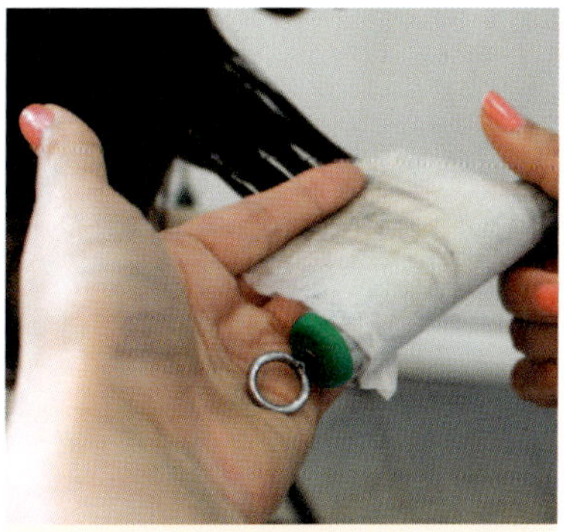
56 네이프 와인딩 진행

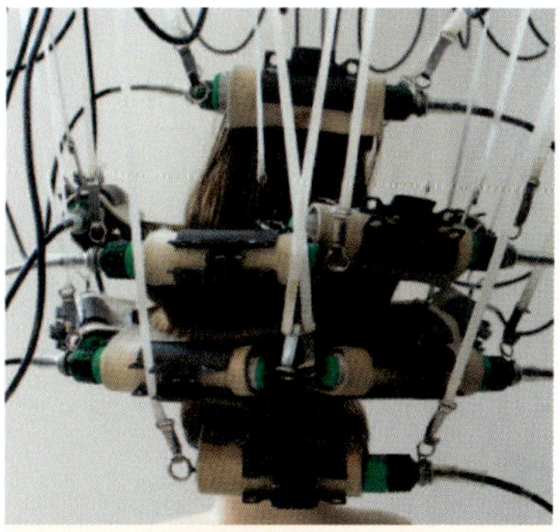
57 완성 뒷 모습

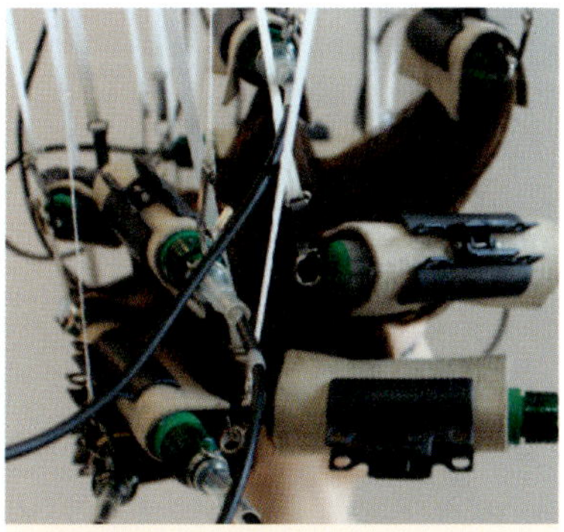
58 완성 우측 모습

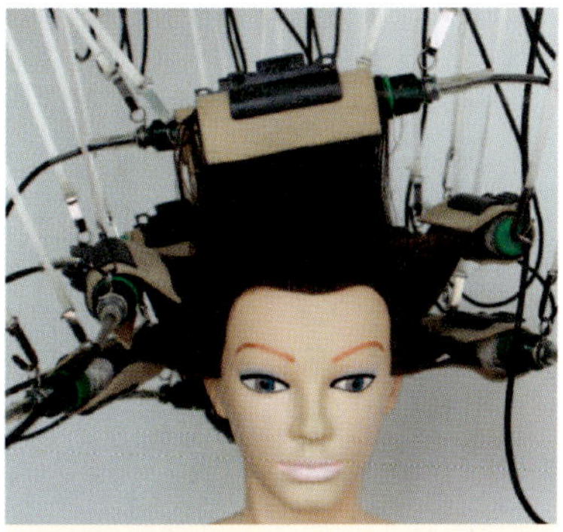
59 완성 앞 모습

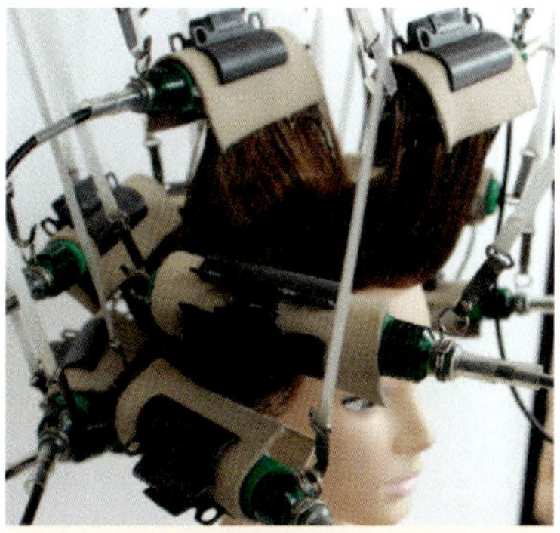
60 완성 우측 앞 모습

61 완성 좌측 모습

62 열처리 후 로드아웃

63 뒷 모습

64 앞 모습

65 옆 모습

66 컬 형성 위해 핀셋 고정

67 핀셋 고정 자연방치

68 산화제 도포

69 산화제 도포

70 산화제 도포 후 방치타임

71 핀셋 아웃

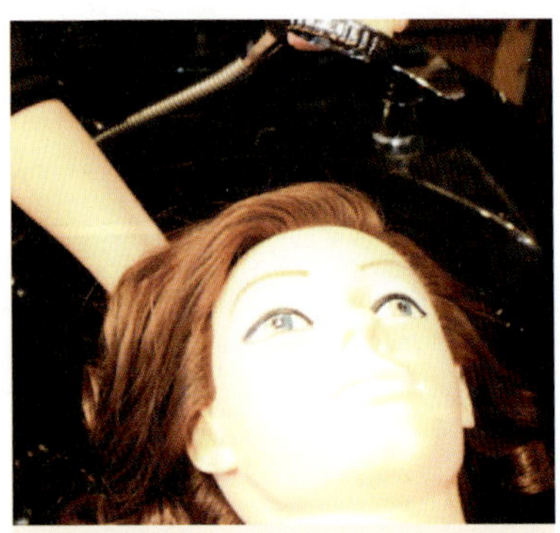
72 샴푸

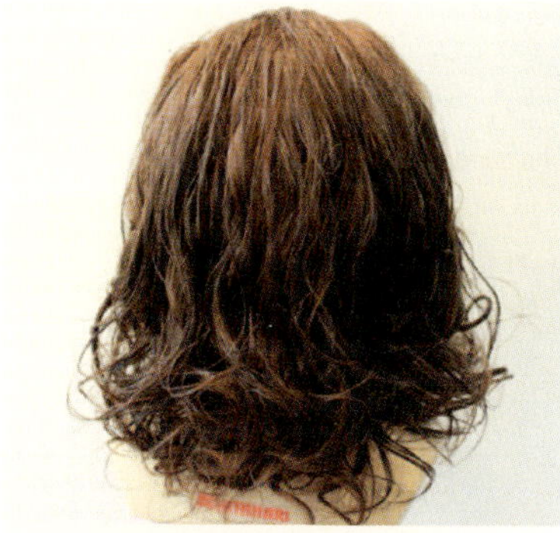
73 샴푸 후 모습

74 드라이

75 에센스 도포

76 완성 옆 모습

77 완성 앞 모습

78 완성 뒷 모습

11-2 볼륨 매직 퍼머넌트 Volume magic permanent

1 볼륨 매직 퍼머넌트

볼륨 매직 퍼머넌트는 일반 매직 스트레이트 퍼머넌트와 시술방법은 거의 동일하다. 볼륨매직기를 이용하여 퍼머제와 열로 인해 팽윤, 연화된 모발의 형을 모근에서 모선쪽으로 C컬의 형이 되도록 시술하는 것이다.

매직기 자체에서 온도 조절 기능이 있어 모발의 손상정도에 따라 온도를 달리 할 수 있다.

볼륨매직 퍼머넌트는 단발머리 미디움, 롱 머리 길이에 찰랑거리는 생머리의 자연스런 느낌을 연출할 수 있다.

2 사용 미용 도구

매직기, 꼬리빗, 위그, 마네킹, 홀더, 분무기 등

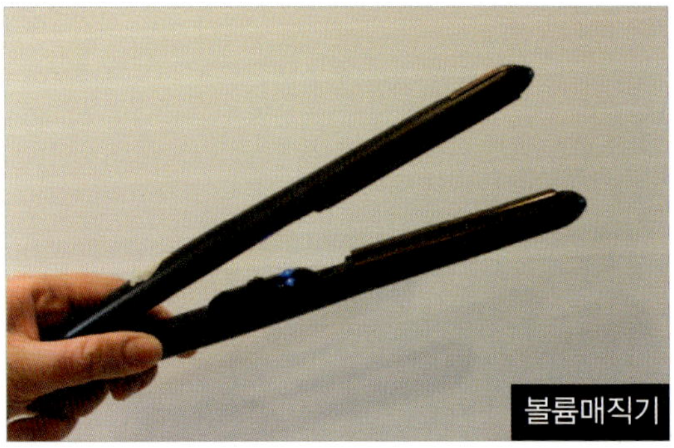

볼륨매직기

3 도해도

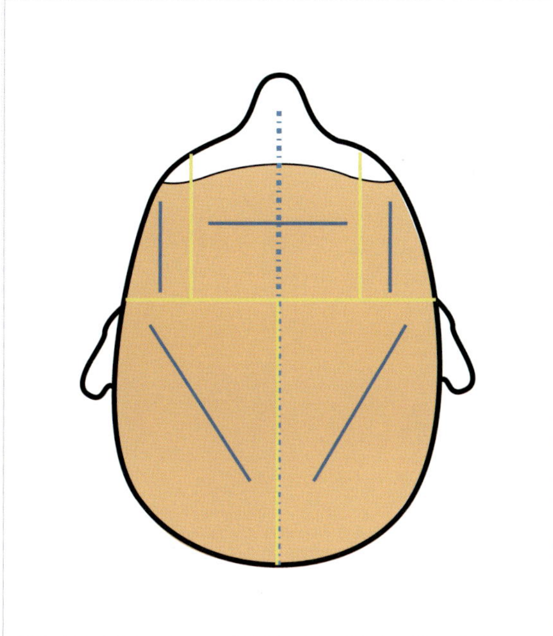

윗 면

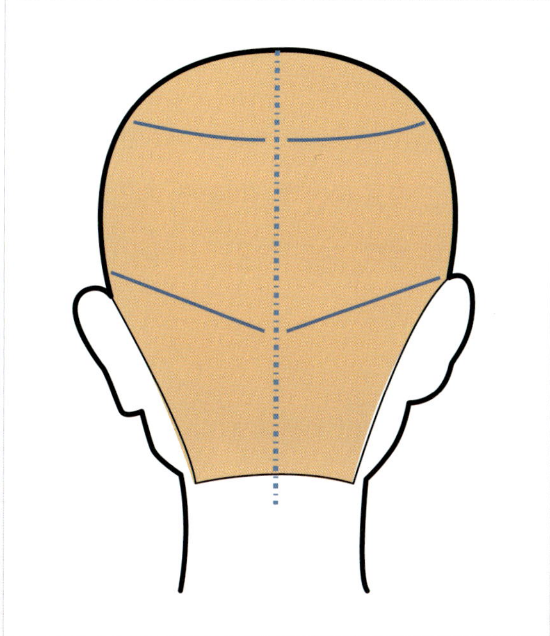

뒷 면

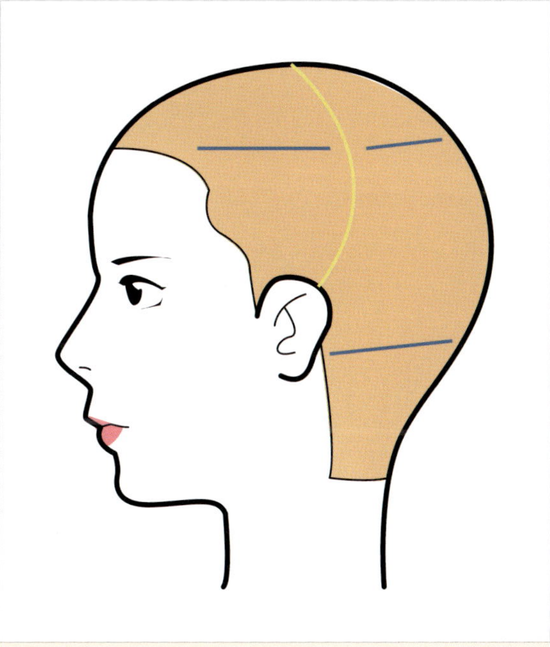

좌 면

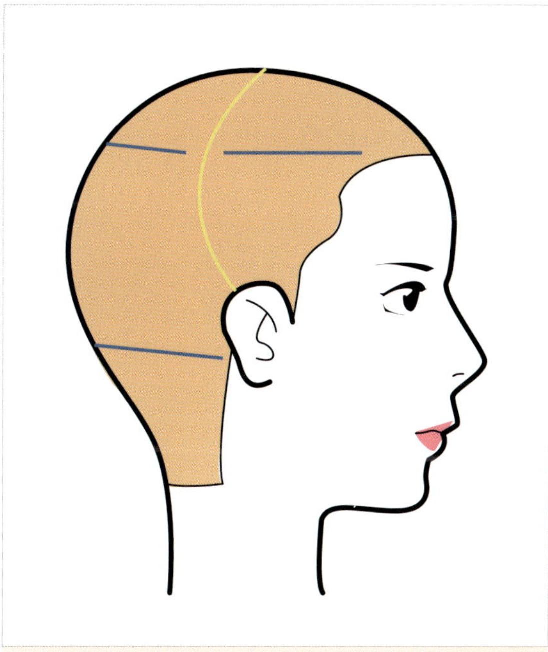

우 면

4 시술 순서

① 파팅을 한 후 트리트먼트제를 전체적으로 도포한다.

② 파팅을 크게 4파팅한다.

③ 퍼머1제를 전체적으로 섹션을 나누면서 도포한다.

④ 랩으로 모발을 감싼 후 열처리와 자연방치를 한다.

⑤ 테스트를 본다. 그 다음 중간 세척을 한다.

⑥ 드라이를 한다.

⑦ 시술을 위한 4파팅한다.

⑧ 네이프 부분부터 섹션폭(베이스)을 1~1.5cm 정도로 수평으로 나눈다.

⑨ 매직기를 이용하여 모근에서 모선으로 볼륨을 주면서 시술한다.
- 두피에 매직기가 닿지 않도록 주의한다.

⑩ 후두부 좌우를 수평섹션을 나누어 시술을 진행한다.

⑪ 우측 시술을 하고 좌측 시술을 한다.

⑫ 앞머리를 섹션을 나누어 시술한다.

⑬ 산화제를 도포한다.

⑭ 방치타임을 둔다.(20분 정도)

⑮ 샴푸를 한다.

⑯ 드라이를 한다.(타월드라이)

⑰ 가지런히 모발을 정리 후 매직기로 다시 한 번 전체적으로 볼륨을 준다.

⑱ 마무리한다.(트리트먼트제 등 도포)

QR 볼륨매직약 도포하기

QR 볼륨매직 앞머리 시술

QR 볼륨매직 시술

5 시술 사진

01 시술 전 모습

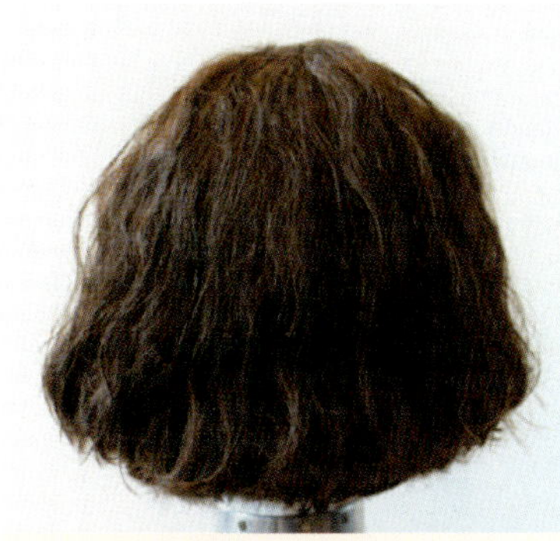
02 시술 전 모습

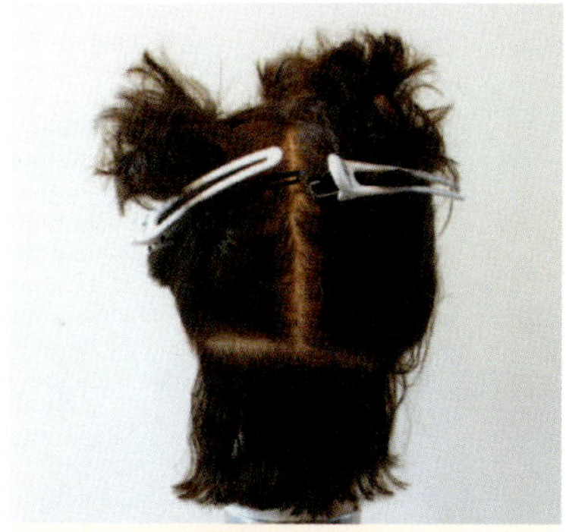
03 파팅 뒷 모습

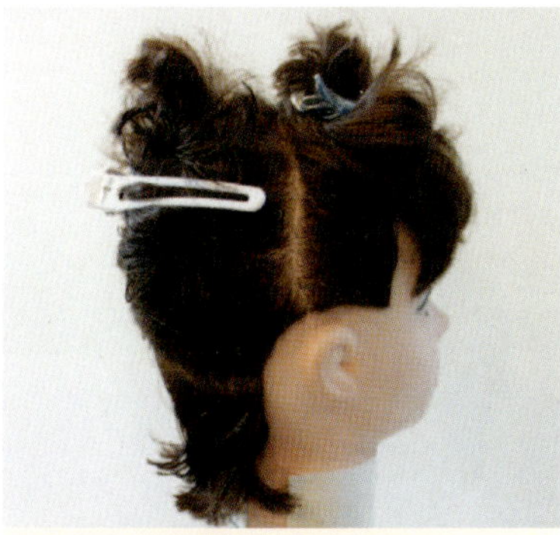
04 파팅 옆 모습

05 파팅 앞 모습

06 전체 트리트먼트 도포

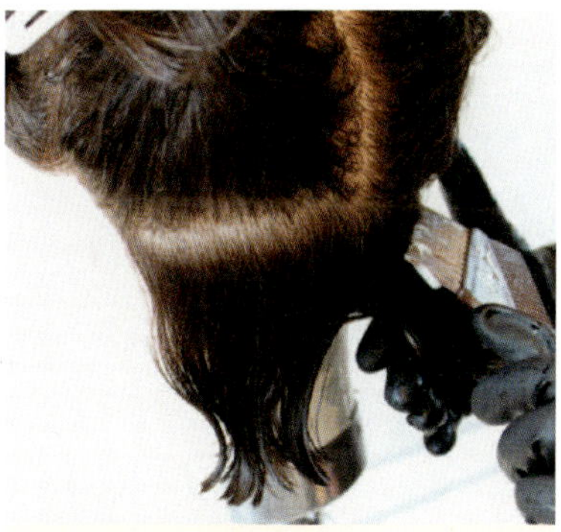
07 퍼머1제 도포

08 퍼머1제 도포

09 우측 퍼머1제 도포

10 탑부분 1제 도포

11 좌측 1제도포

12 탑부분 1제 도포

13 앞머리 도포

14 1제 도포 후 랩 감싸기

15 열 처리

16 자연 방치

17 컬 테스트

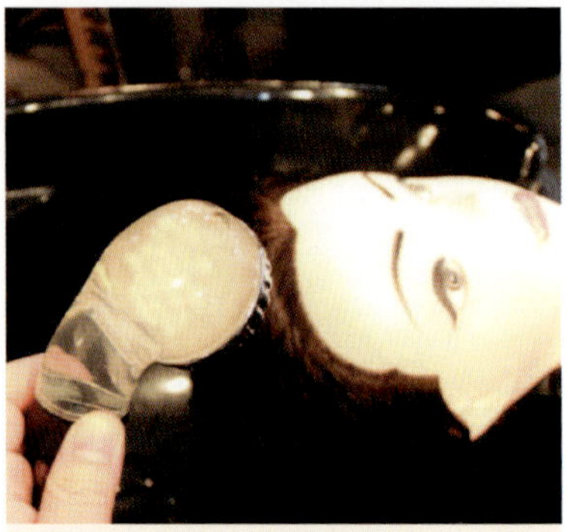
18 중간세척

19 트리트먼트 도포

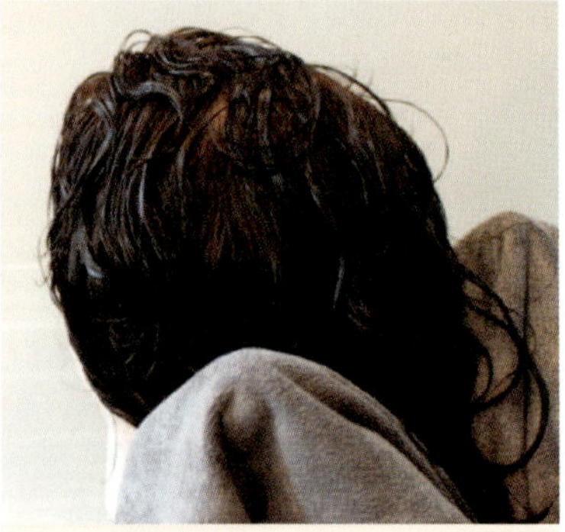
20 타월드라이

21 드라이

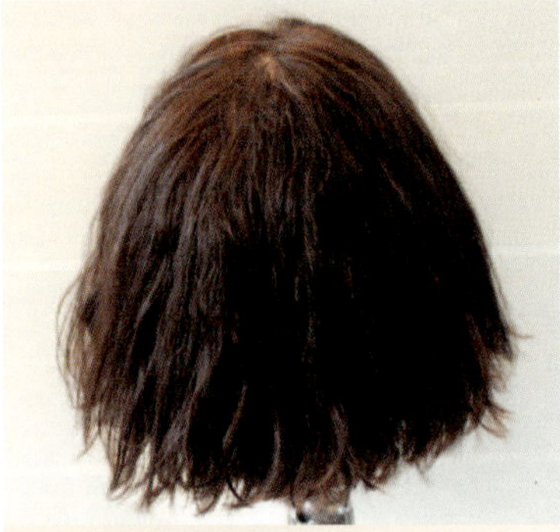
22 드라이 후 모습

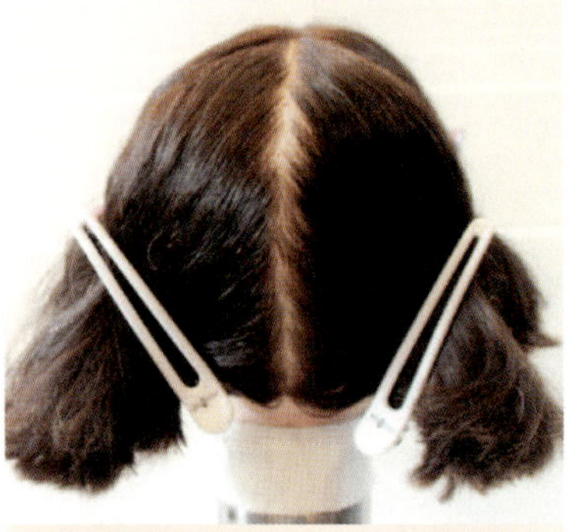
23 시술 위한 파팅

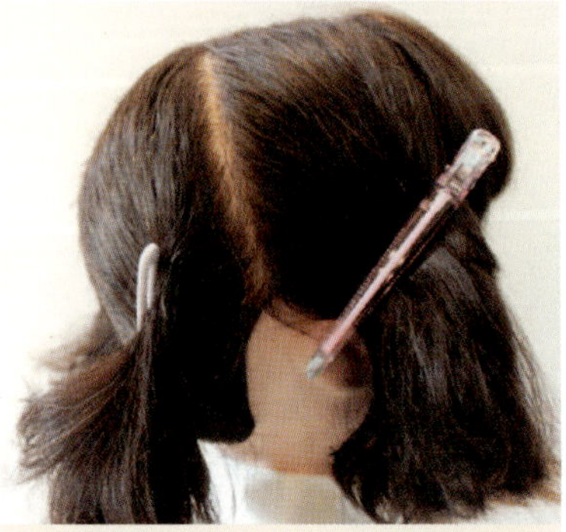
24 옆 모습

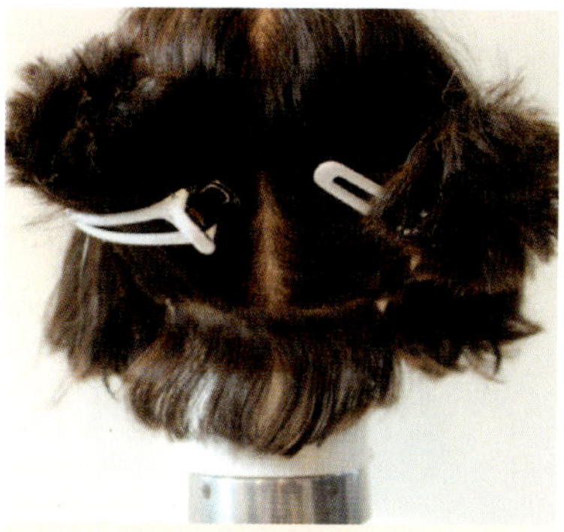
25 뒷 모습

26 볼륨매직 시술

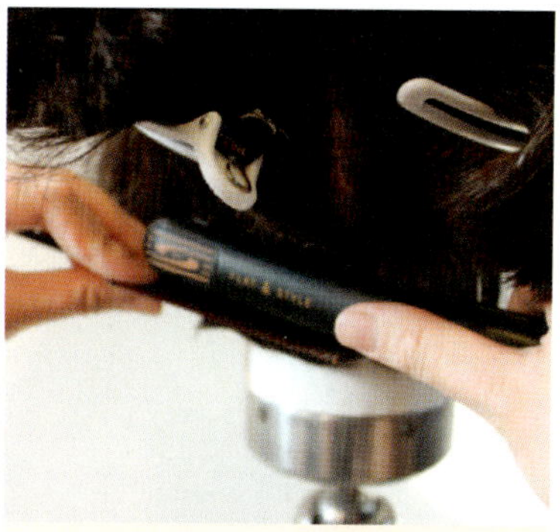
27 시술 진행

28 후두부 시술

29 탑부분 시술

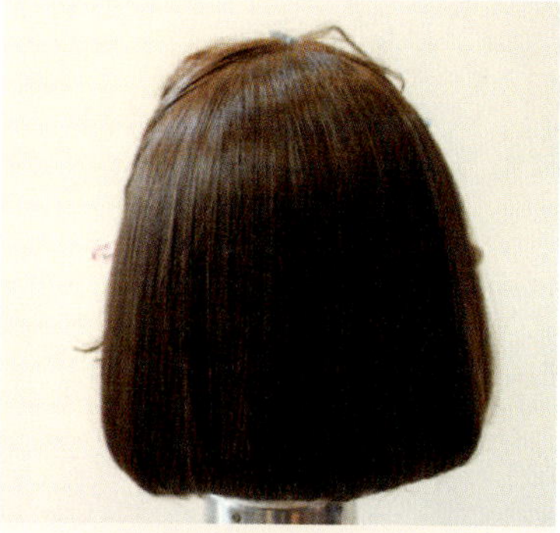
30 후두부 볼륨매직 끝

31 우측사이드 시술

32 시술 진행

33 다음 섹션 진행

34 시술진행

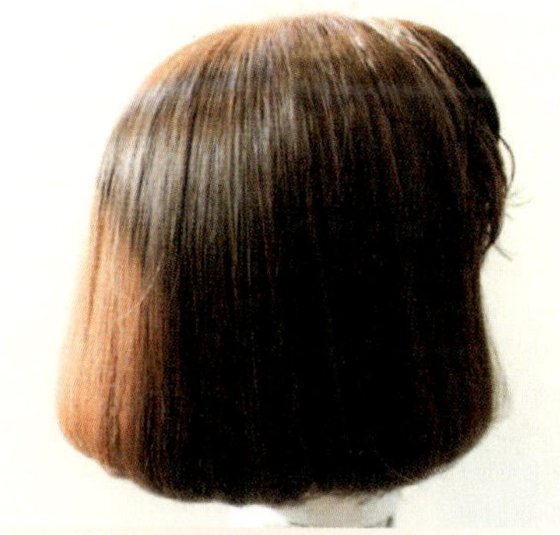
35 우측사이드 끝

36 좌측 시술

37 좌측 시술 끝

38 앞 모습

39 앞모발 베이스 나눔

40 앞 모발 시술

41 앞 모발 시술 끝

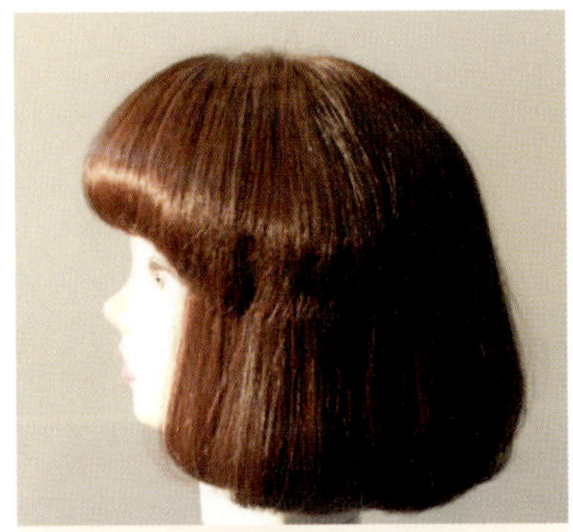
42 시술 좌측 모습

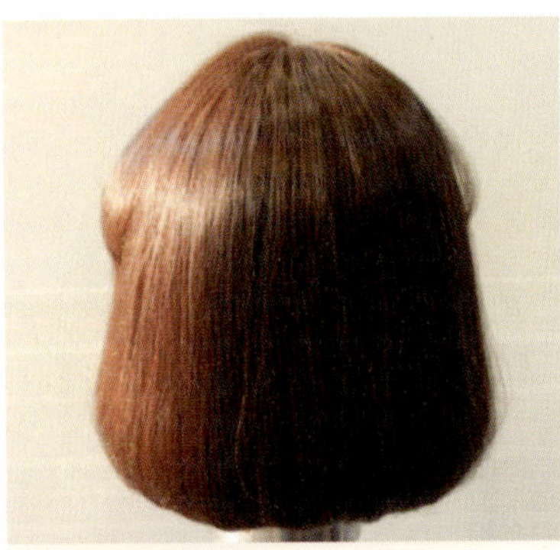
43 시술 뒷 모습

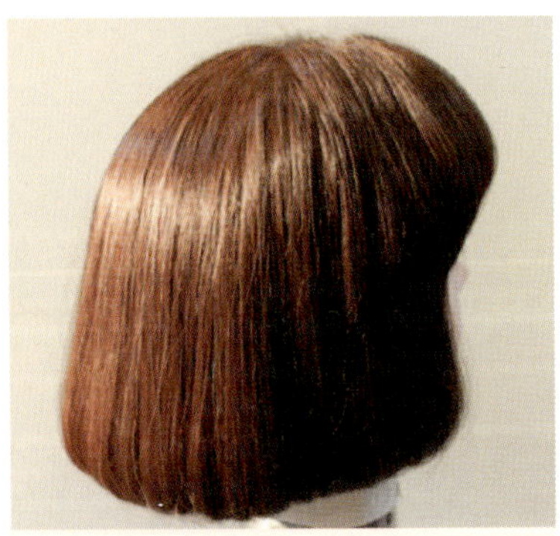
44 시술 우측 모습

45 산화제 도포

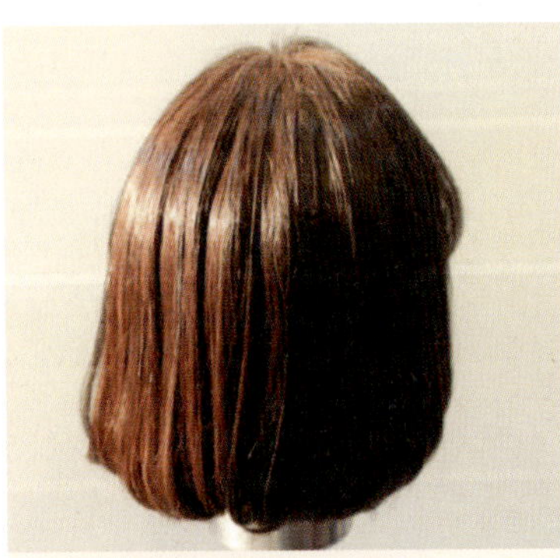
46 산화제도포 후 방치타임

47 샴푸

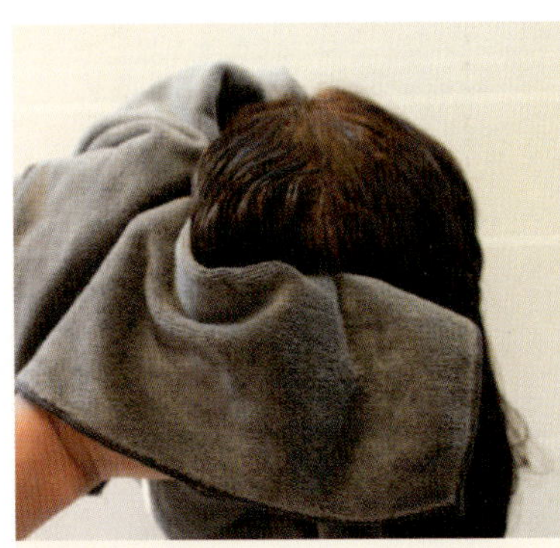
48 타월드라이

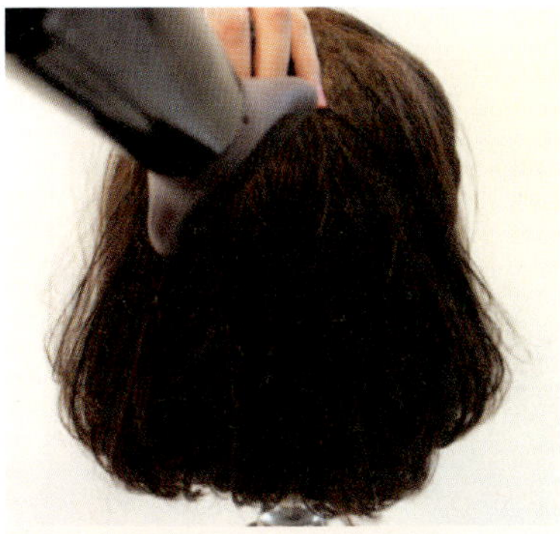
49 드라이

50 가지런히 빗질 정리

51 매직기로 마무리

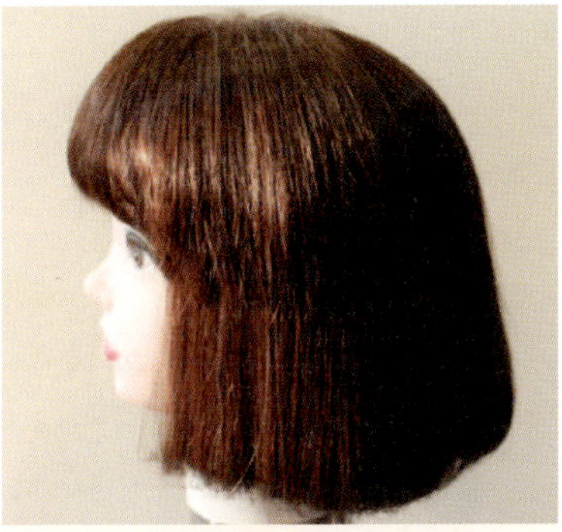
52 완성 좌측 모습

53 완성 앞 모습

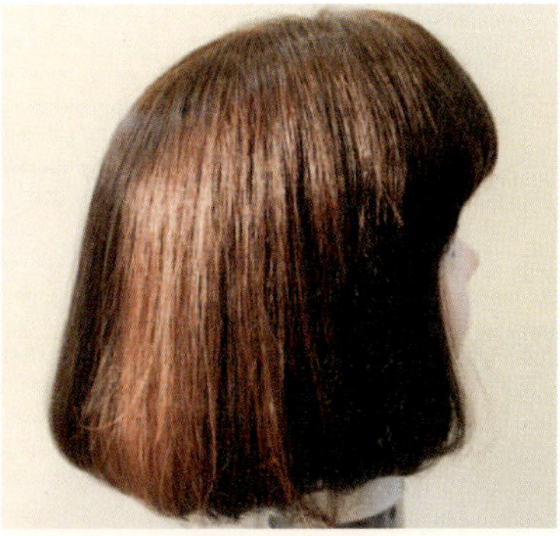
54 완성 우측 모습

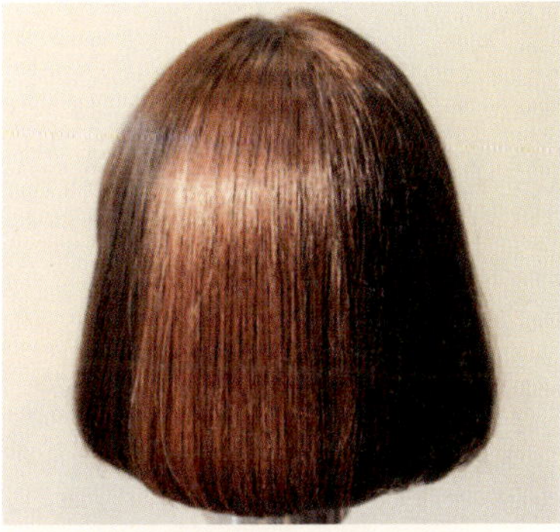
55 완성 뒷 모습

11-3 디지털 퍼머넌트 Digital permanent wave

1 디지털 퍼머넌트

디지털 퍼머넌트는 세팅 퍼머넌트와 원리가 비슷한 퍼머넌트이다. 웨이브(컬)의 형태도 자연스러운 굵은 컬을 형성한다. 디지털 퍼머 역시 퍼머제와 열을 이용하는 퍼머넌트이며 세팅 퍼머넌트와 디지털 퍼머넌트는 손질방법이 비슷하고 주로 짧은 머리나 단발머리에 시술한다. 그러나 요즘은 좀 더 자연스러운 컬을(늘어진) 원하는 고객은 긴 머리에 시술하기도 한다. 디지털 퍼머넌트(80~120℃에서 컬이 형성)는 세팅 퍼머넌트(120~180℃)보다는 컬이 형성되는 온도가 낮아서 두피 가까이까지 시술이 가능하다. 디지털 퍼머넌트기는 온도 조절이 가능하다.

2 사용 미용 도구

디지털 퍼머로드, 디지털 퍼머페이퍼, 디지털 퍼머기, 꼬리빗, 위그, 마네킹, 홀더, 분무기 등

디지털퍼머 도구

디지털 퍼머 로드

페이퍼 고무줄

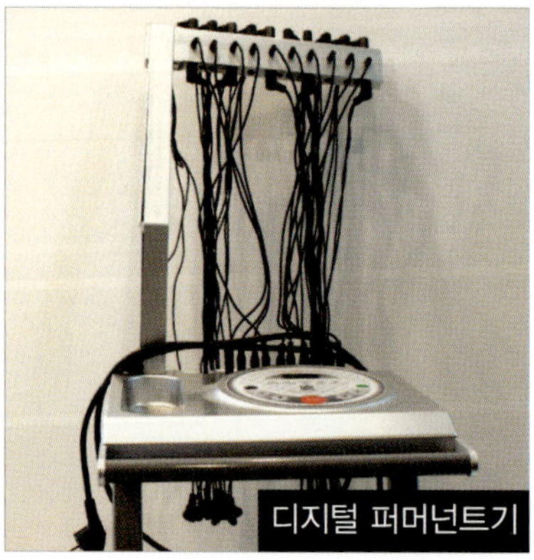
디지털 퍼머넌트기

3 도해도

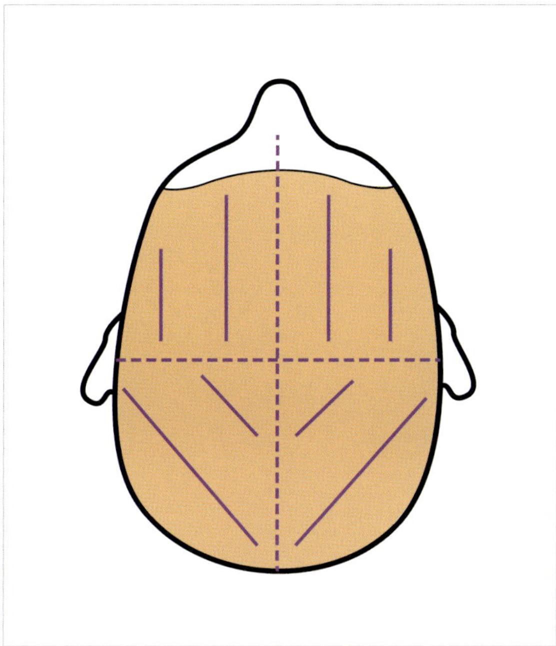

윗 면

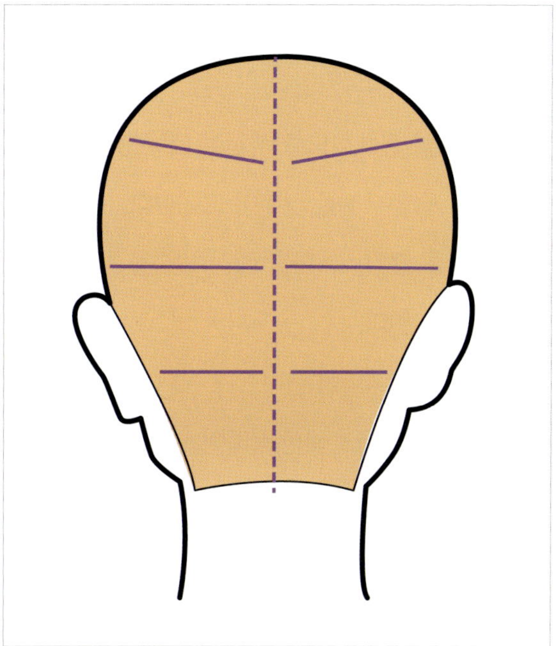

뒷 면

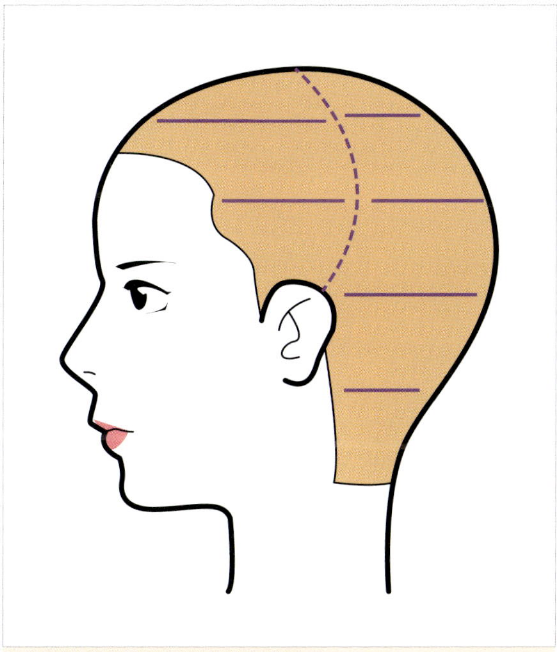

좌 면

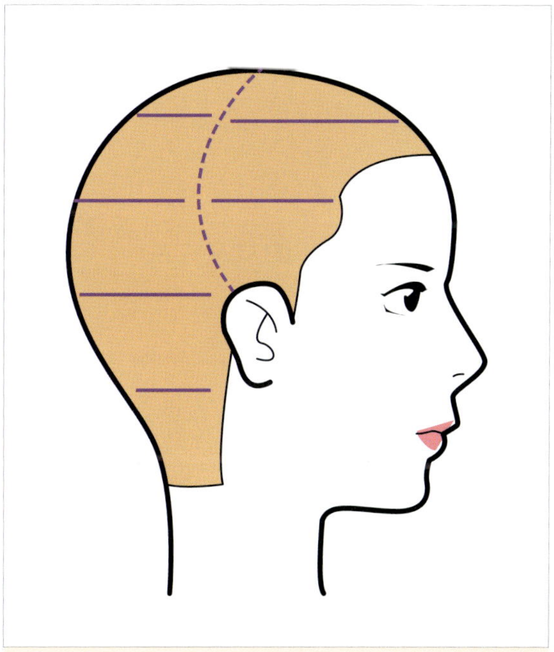

우 면

4 시술 순서

① 파팅을 한 후 트리트먼트제를 전체적으로 도포한다.

② 파팅을 크게 4파팅한다.

③ 퍼머1제를 전체적으로 섹션을 나누면서 도포한다.

④ 후두부 중앙부분을 나누어 고정한다.

⑤ 테스트를 본다. 그 다음 중간 세척을 한다.

⑥ 드라이를 한다.

⑦ 시술을 위한 4파팅한다.

⑧ 네이프 부분부터 섹션폭(베이스)을 3~4cm 정도로 수평으로 나눈다.

⑨ 로드를 이용하여 와인딩한다.
- 두피에 너무 가까이까지 와인딩하지 않도록 주의한다.

⑩ 후두부 좌우를 수평섹션을 나누어 와인딩한다.

⑪ 우측 와인딩하고 좌측 와인딩한다.
- 로드가 두피에 닿지 않도록 솜 등으로 로드를 고정시키고, 고무줄 자국이 나지 않도록 꼬지를 한다.

⑫ 디지털 퍼머기를 연결하여 열처리를 한 후 자연방치를 한다.

⑬ 산화제를 도포한다.

⑭ 방치타임을 둔다.(20분 정도)

⑮ 샴푸를 한다.

⑯ 드라이를 하면서 손가락으로 컬을 만들면서 스타일을 낸다.

⑰ 마무리한다.(트리트먼트제 등 도포)

QR 디지털퍼머 와인딩

QR 디지털퍼머 산화제 도포

QR 디지털퍼머 마무리

5 시술 사진

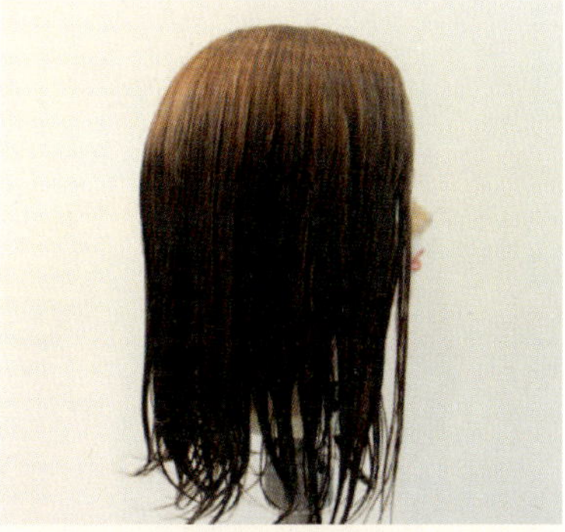
01 시술 전 모습

02 시술 전 모습

03 트리트먼트 도포

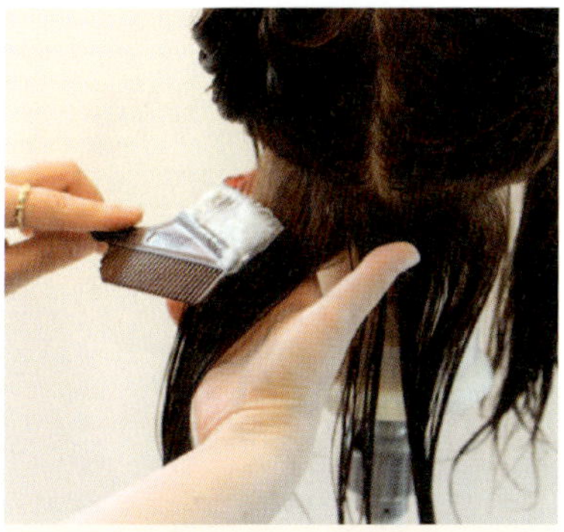
04 퍼머1제 도포

05 퍼머1제 도포 진행

06 퍼머1제 도포

07 후두부 퍼머1제 도포

08 우측 퍼머1제 도포

09 우측 퍼머1제 도포

10 좌측 1제 도포

11 랩 감싸기

12 열처리

13 자연 방치

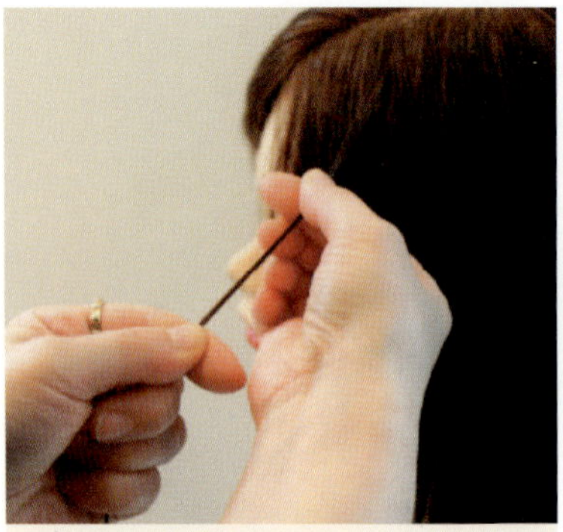

14 연화 테스트

15 중간 세척

16 타월드라이

17 드라이

18 시술 위한 파팅

19 파팅 옆 모습

20 파팅 옆 모습

21 섹션(베이스)나눔

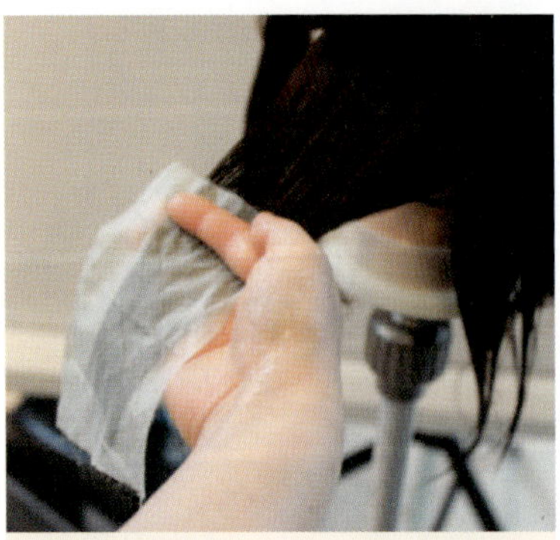

22 페이퍼 고정

23 로드 와인딩

24 고무 밴딩

25 다음 섹션(베이스)

26 후두부 와인딩 시술

27 좌측 와인딩 시술

28 로드가 두피에 닿지 않도록 솜 고정

29 고무줄 자국 나지 않도록 꼬지 처리

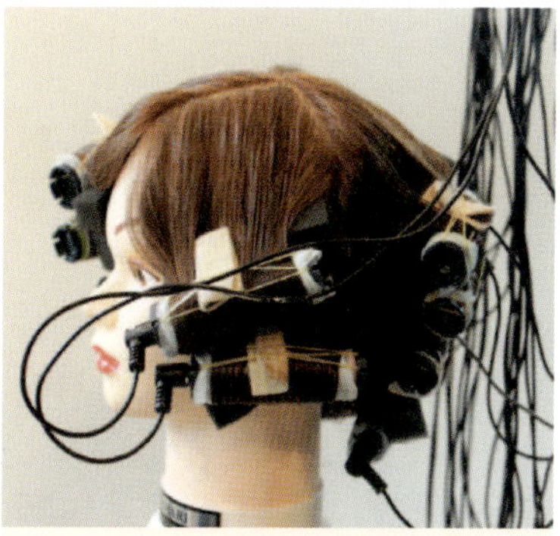
30 디지털기 연결

31 자연방치

32 앞 모습

33 로드 아웃

34 핀셋으로 컬 고정

35 산화제 도포

36 방치 타임

37 샴푸

38 타월드라이

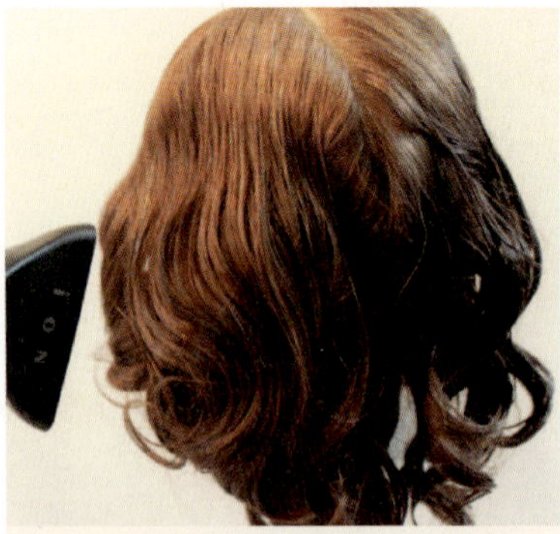

39 드라이 마무리

40 완성 옆 모습

41 완성 뒷 모습

42 완성 옆 모습

43 완성 앞 모습

11-4 아이론 퍼머넌트 Iron permanent wave

1 아이론 퍼머넌트

아이론 퍼머넌트는 열 퍼머넌트의 일종으로 아이론기기를 이용하여 모발에 컬을 만들어 스타일을 내는 퍼머넌트이다. 아이론처럼 굵고 탄력있는 웨이브를 연출할 수 있다. 아이론기는 스타일 마무리 시 세팅 효과를 높이기 위해 사용하기도 한다.

아이론기의 사이즈가 다르기 때문에 개개인의 두상이나 모발의 길이, 질에 따라 맞춤 디자인이 가능하다. 볼륨감이 좋고, 숱이 없어 모발에 풍성한 느낌을 연출할 수 있다.

2 사용 미용 도구

아이론기(8~30mm), 꼬리빗, 위그, 마네킹, 홀더, 분무기 등

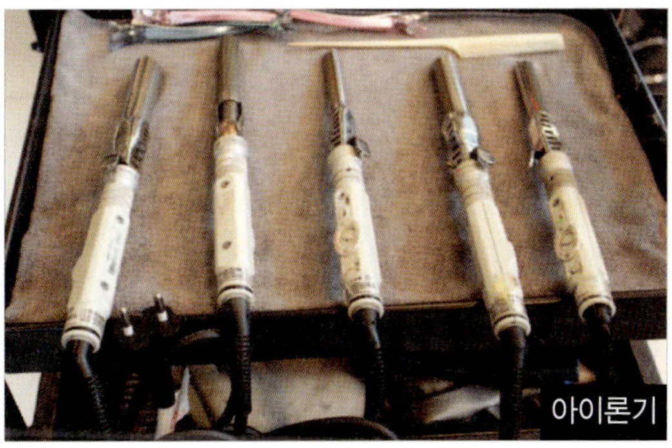

아이론기

3 도해도

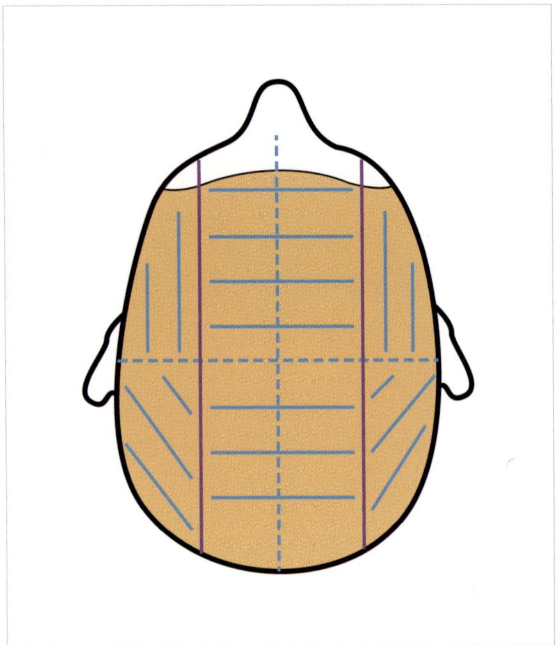

윗면

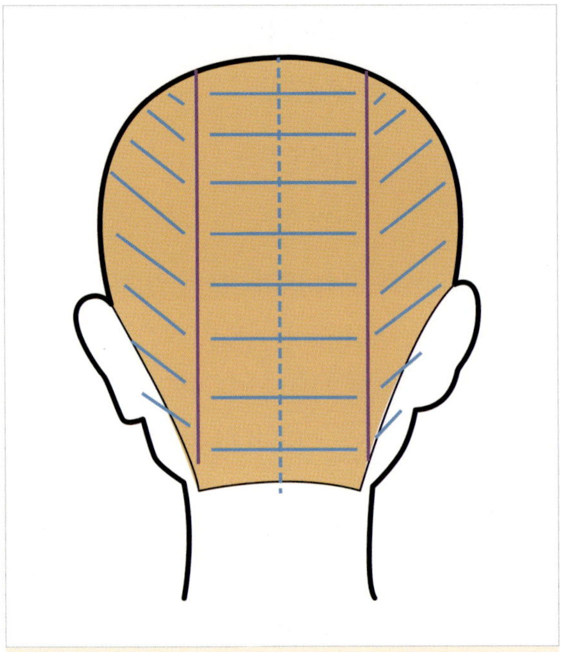

뒷면

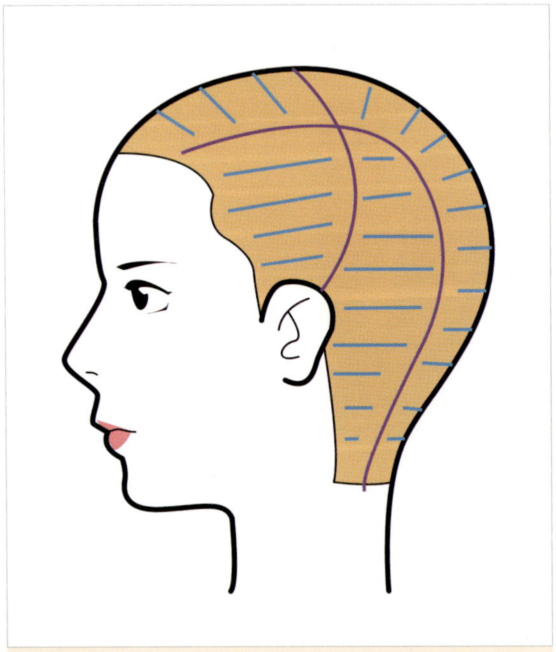

좌면

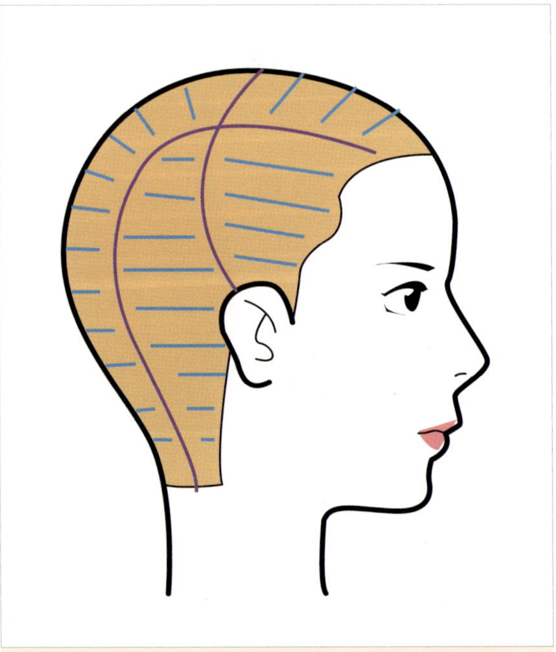

우면

4 시술 순서

① 트리트먼트제를 전체적으로 도포한다.

② 파팅을 크게 4파팅한다.

③ 퍼머1제를 전체적으로 섹션을 나누면서 도포한다.

④ 랩으로 모발을 감싼 후 열처리와 자연방치를 한다.

⑤ 테스트를 본다. 그 다음 중간 세척을 한다.

⑥ 드라이를 한다.

⑦ 시술을 위한 4파팅한다.

⑧ 정중선을 기준으로 전두부부터 섹션폭(베이스)을 1~2cm 정도로 수평으로 나눈다.

⑨ 아이론기를 이용하여 두피에 볼륨을 주고 와인딩한다.
- 두피에 아이론이 닿지 않도록 주의한다.
- 베이스 폭과 컬의 굵기를 고려하여 적당한 아이론을 선택한다.

⑩ 후두부 좌우를 수평 섹션을 나누어 탑에서 네이프 쪽으로 와인딩한다.

⑪ 우측 사이드 와인딩하고 좌측 사이드 와인딩한다.

⑫ 산화제를 도포한다.

⑬ 방치타임을 둔다.(20분 정도)

⑭ 샴푸를 한다.

⑮ 드라이를 하면서 손가락으로 컬을 만들면서 스타일을 낸다.

⑯ 마무리한다.(트리트먼트제 등 도포)

QR 아이론뿌리살리기

QR 아이론와인딩하기

QR 아이론퍼머마무리스타일 연출하기

QR 아이론사이드와인딩

5 시술 사진

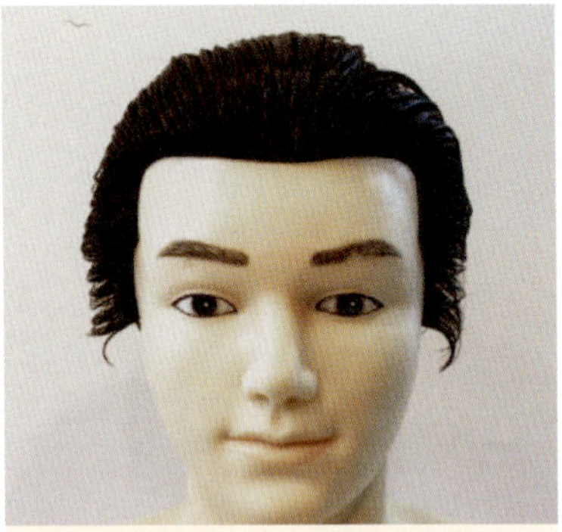
01 시술 전 모습

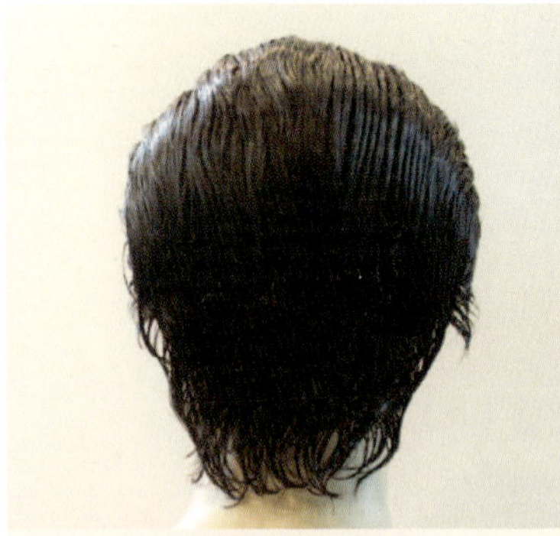
02 시술 전 모습

03 트리트먼트 도포

04 후두부 퍼머1제 도포

05 퍼머1제 도포 진행

06 우측 퍼머1제 도포

07 우측 퍼머1제 도포

08 좌측 퍼머1제 도포

09 좌측 퍼머1제 도포

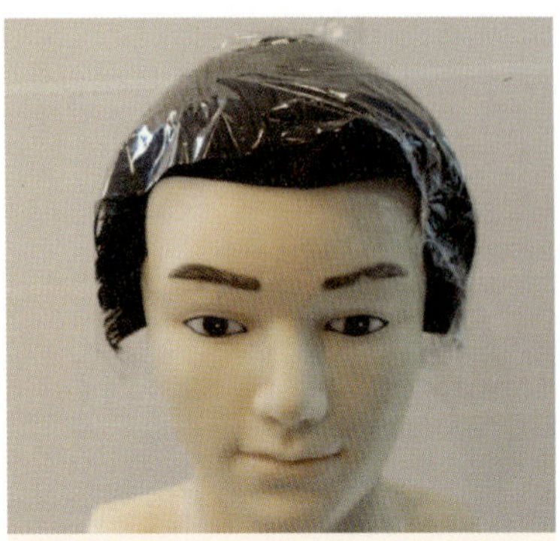
10 랩 감싸기

11 열처리

12 자연방치

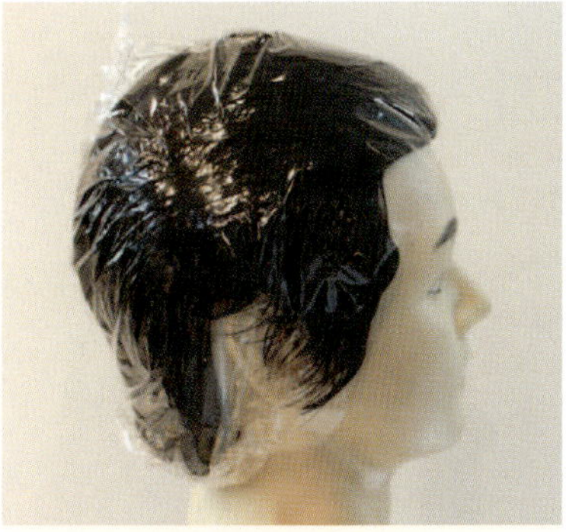
13 자연 방치 옆 모습

14 연화 테스트

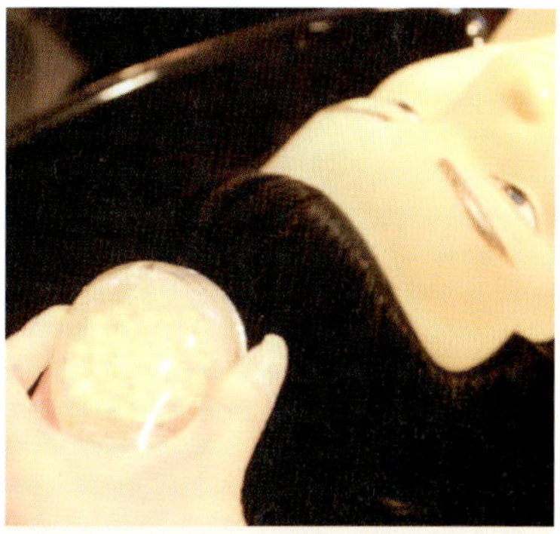
15 중간 세척

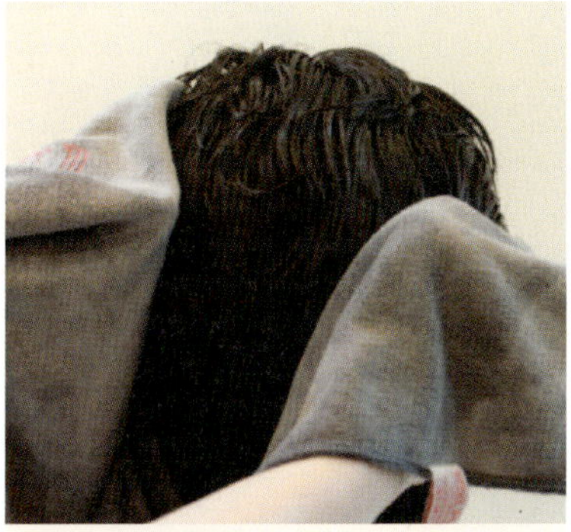
16 타월드라이

17 드라이

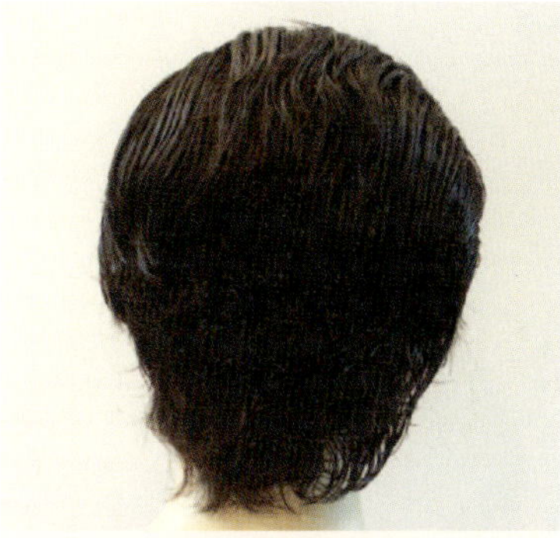
18 드라이 후 모습

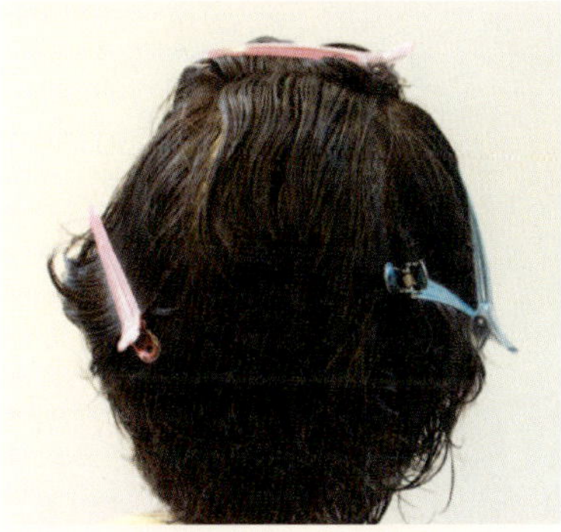
19 파팅 뒷 모습

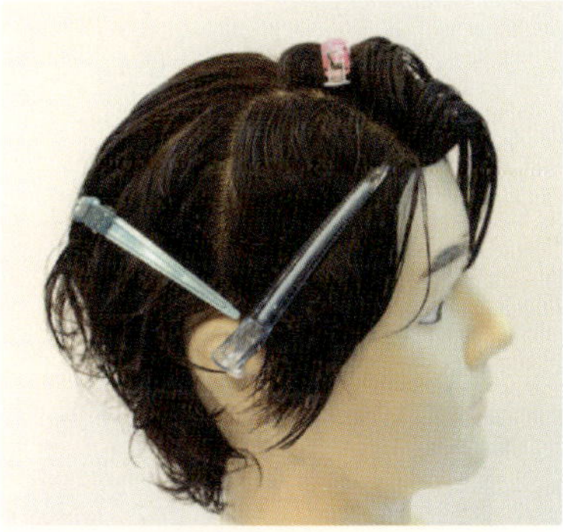
20 파팅 옆 모습

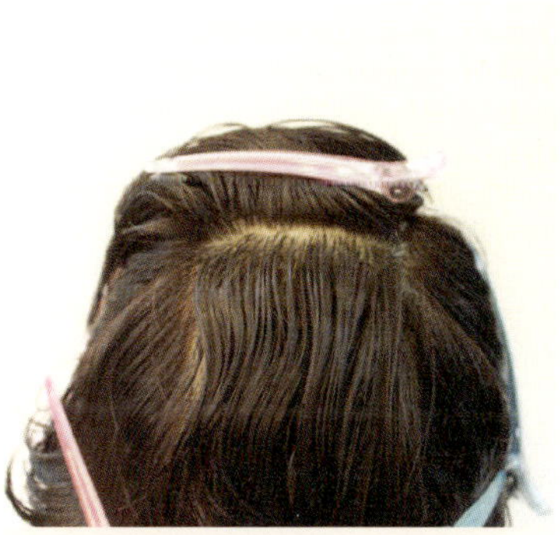
21 섹션(베이스)나눔

22 판넬 고정 모습

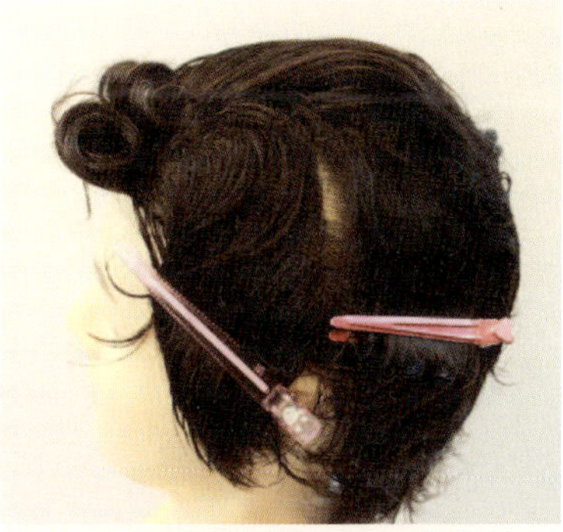
23 전두부부터 아이론 시술

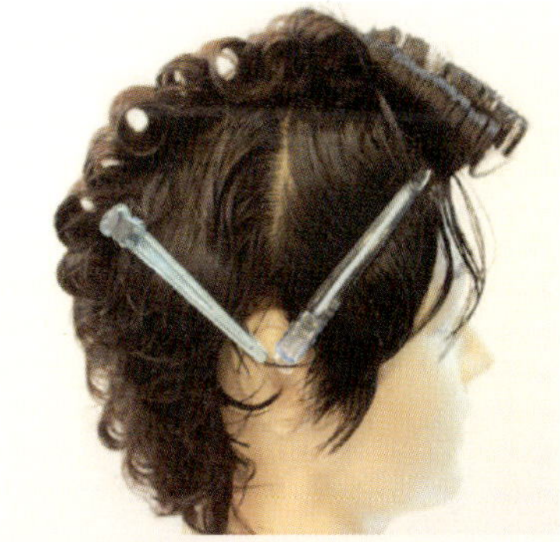
24 중앙부위 시술 옆 모습

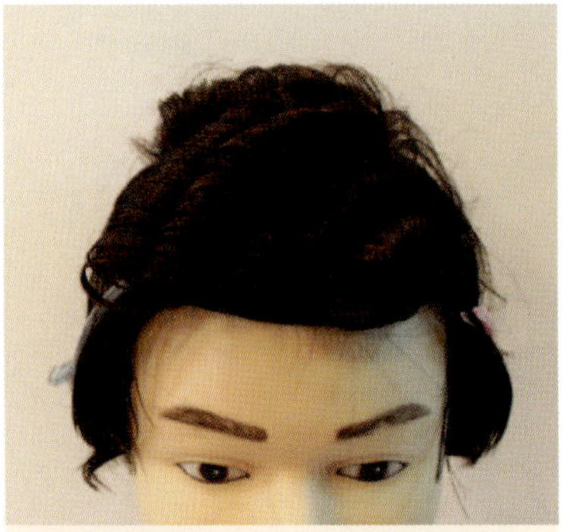
25 앞 모습

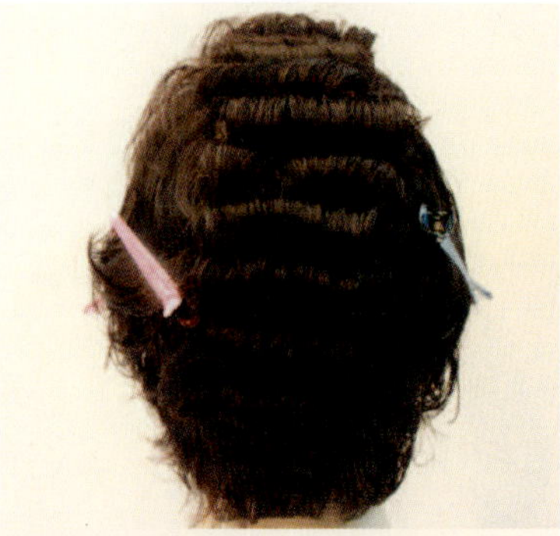
26 뒷 모습

27 후두부 우측 시술

28 두피 볼륨 살리기

29 모발 와인딩

30 두 번째 섹션 시술

31 후두부 우측 시술 끝

32 후두부 좌측 시술 끝

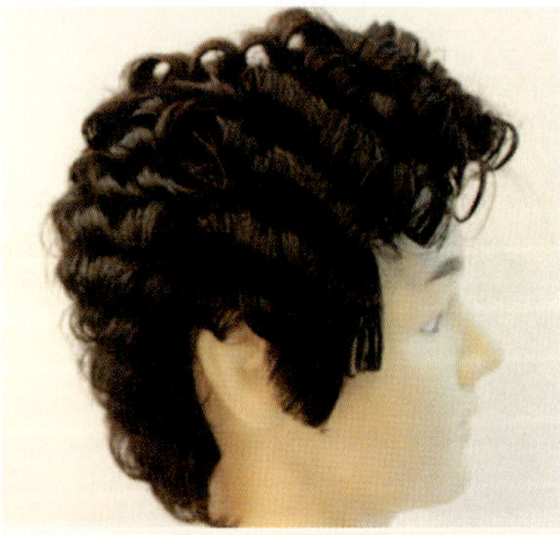
33 우측 사이드 시술 끝

34 좌측 사이드 시술 끝

35 아이론 시술 뒤모습

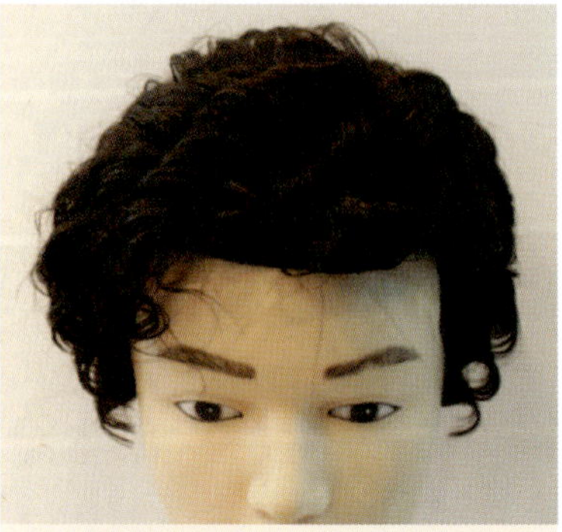
36 앞 모습

37 산화제 도포

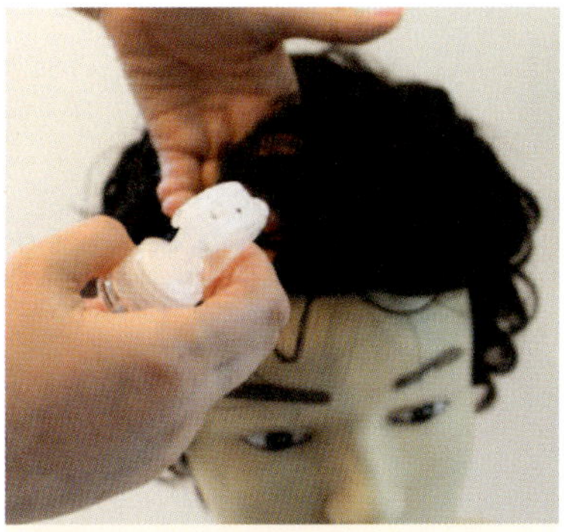
38 산화제 도포

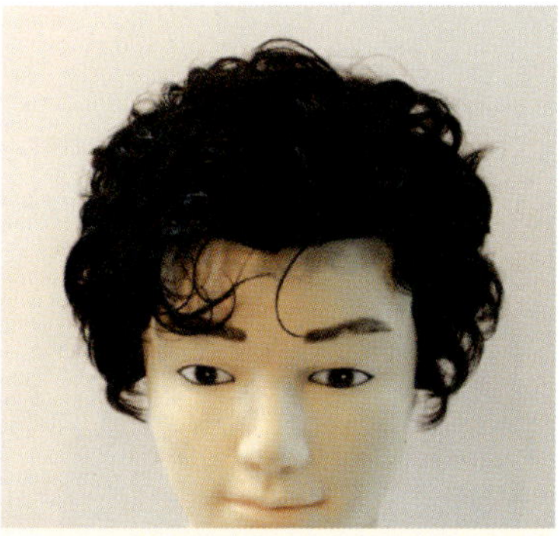
39 산화제 방치 타임

40 샴푸

41 타월 드라이

42 드라이

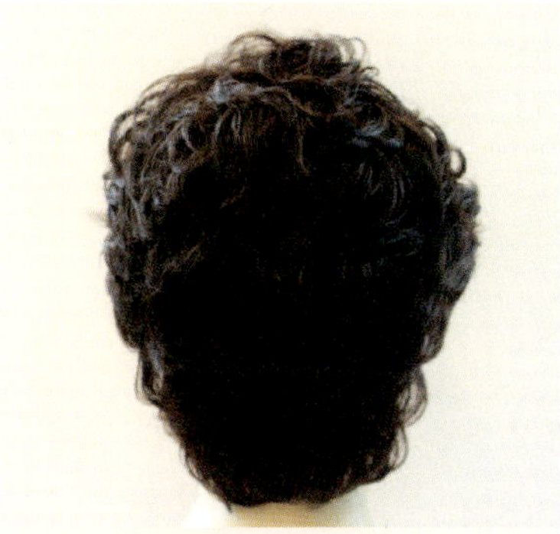
43 완성 뒷 모습

44 완성 우측 모습

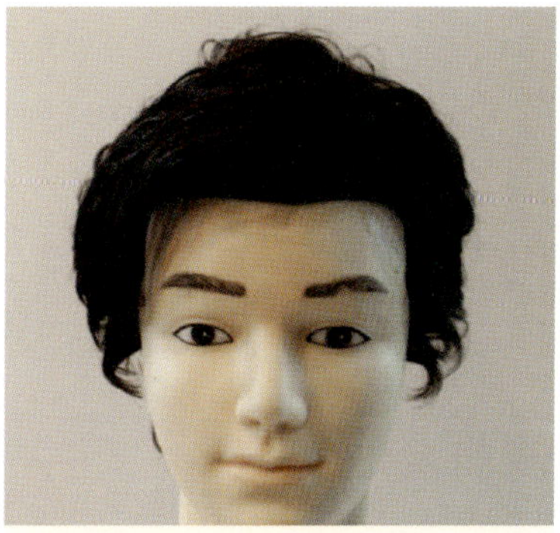
45 완성 앞 모습

46 완성 좌측 모습

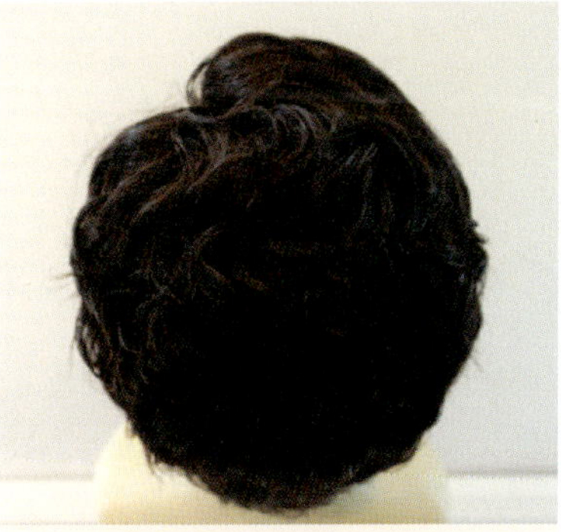
47 완성 윗 모습

저 자

김주섭 상지대학교 뷰티디자인학과 교수
유세은 여주대학교 준오헤어스타일과 교수

Permanent Wave

초 판 인쇄 | 2012년 3월 1일
초 판 발행 | 2012년 3월 2일
개정1판 발행 | 2013년 9월 1일
개정2판 발행 | 2016년 9월 5일
개정3판 발행 | 2020년 3월 2일
개정3판2쇄 발행 | 2024년 2월 25일

지 은 이 | 김주섭 · 유세은
발 행 인 | 조규백
발 행 처 | 도서출판 구민사
(07293) 서울특별시 영등포구 문래북로 116, 604호(문래동3가 46, 트리플렉스)
Tel (02)701-7421~2 / Fax (02)3273-9642
http://www.kuhminsa.co.kr

신고번호 | 제 2012-000055호(1980년 2월4일)
I S B N | 979-11-5813-804-2 [93590]

값 28,000원